FAO中文出版计划项目丛书

# 兽药残留对肠道微生物组和人体健康的影响
## ——食品安全视角

联合国粮食及农业组织　编著

葛　林　彭　赞　宗书涵　等　译

中国农业出版社
联合国粮食及农业组织
2025 · 北京

**引用格式要求：**

粮农组织。2025。《兽药残留对肠道微生物组和人体健康的影响——食品安全视角》。中国北京，中国农业出版社。https://doi.org/10.4060/cc5301zh

ISSN 978-92-5-137809-0（粮农组织）
ISSN 978-7-109-33415-1（中国农业出版社）

ACKNOWLEDGEMENTS 致 谢

该书的研究和起草工作由联合国粮食及农业组织（FAO）农业粮食体系及食品安全司（ESF）的卡门·迪亚斯-阿米戈（Carmen Diaz-Amigo）负责；文献检索和初步分析在农业粮食体系及食品安全司高级食品安全官员凯瑟琳·贝西（Catherine Bessy）的领导和技术指导下，由农业粮食体系及食品安全司成员苏珊·沃恩·格鲁特斯（Susan Vaughn Grooters）进行。

在出版全过程中，农业粮食体系及食品安全司高级食品安全官员马库斯·利普（Markus Lipp）给予的支持和指导，以及农业粮食体系及食品安全司食品安全官员维托里奥·法托里（Vittorio Fattori）提供的技术意见和建议得到了充分认可。

联合国粮农组织对加拿大顾问马克·费利（Mark Feeley）表示感谢，他为改进文稿提供了富有洞察力的意见和建议。

最后，特别感谢联合国粮农组织治理和政策支持组（DDCG）首席经济学家及高级顾问卡雷尔·卡伦斯（Karel Callens）及联合国粮农组织治理和政策支持组科学政策顾问范内特·方丹（Fanette Fontaine）的倡议，他们的倡议在联合国粮农组织引发关注，并开启了有关微生物组对食品系统影响的讨论。

© 粮农组织/Ishara Kodikara

ACRONYMS |缩略语|

| ADI | 每日允许摄入量 |
| DNA | 脱氧核糖核酸 |
| DGGE | 变性梯度凝胶电泳 |
| EMA | 欧洲药品管理局 |
| FDA | 美国食品和药物管理局 |
| GI | 胃肠的 |
| HFA | 人源菌群 |
| JECFA | 食品添加剂联合专家委员会 |
| IHMS | 国际人类微生物标准 |
| ITS | 转录间隔区 |
| mADI | 微生物学每日允许摄入量 |
| MDC | 最小破坏浓度 |
| MIC | 最小抑菌浓度 |
| mRNA | 信使核糖核酸 |
| NOAEC | 无明显不良反应浓度 |
| NOD | 非肥胖型糖尿病 |
| NOEC | 无观测效应浓度 |
| NOEL | 无观测效应水平 |
| OIE | 世界动物卫生组织（2022年英文简称更改为WOAH） |
| PCR | 聚合酶链式反应 |
| RNA | 核糖核酸 |
| rRNA | 核糖体核糖核酸 |
| SCFA | 短链脂肪酸 |
| SHIME | 人体肠道微生物生态系统模拟器 |
| VICH | 兽药注册技术要求国际协调会 |
| WHO | 世界卫生组织 |

© 粮农组织/Luis Tato

© Sergei Gapon

兽药可用于治疗和预防食用动物的疾病。兽药可能会残留在食品（如肉、奶、蛋）中，尤其是在未按要求使用（如剂量或给药频率，超说明书用药）或未遵守休药期的情况下。兽药残留风险评估通常是为了评估其安全性并确定其对健康的价值。这些评估同时将毒理学和微生物学数据计入考量范畴内。包括不依赖于培养的分析方法（如16S rRNA基因测序、鸟枪法宏基因组学、转录组学、蛋白质组学、代谢组学）在内的组学技术发展，使得整体评估复杂的生物系统成为可能。这可能包括肠道微生物组（Microbiome）、人体生理学或微生物组-宿主的相互作用。人体肠道微生物组由数万亿微生物（如细菌、真菌、病毒和古菌）组成，其组成和功能受到各种因素（如饮食、年龄、生活方式、宿主遗传、胃肠道内外环境条件）的高度影响。肠道微生物组影响某些生理活动，如免疫系统发育和代谢。然而，人们担心食品中残留的兽药可能会干扰肠道微生物组和微生物组-宿主的相互作用，以及是否会因此对健康造成短期或长期影响。

本书就兽药残留对肠道微生物组的影响进行综述，同时评估了微生物组失调影响健康的科学依据。

有限的研究集中于评估几种低残留抗生素对粪便微生物群（Microbiota）的影响。这些研究主要在体外进行，依赖于传统的细菌培养，评估了抗菌剂的以下能力：①破坏微生物屏障和对病原体定殖的易感性；②选择耐药菌。效果具有剂量依赖性。所有这些有关食品安全的研究，都用于确定对健康的价值。然而，多数研究没有使用最现代的整体技术（组学）。此外，这些研究以微生物为中心，缺乏对宿主参数的考量。

然而，因其评估了人类医学中最常用的治疗方案（单次治疗剂量或亚治疗剂量、方案和持续时间）和药物组合，大多数有关药物和肠道微生物组的研究都具有临床意义。该类研究不包含人体临床研究的数据。与使用低残留水平的研究相反，评估治疗剂量或亚治疗剂量的研究大多在啮齿类动物体内进行。关于这个主题，很多相关的研究都将重点集中于早期暴露上。基于研究条件，大多数研究结果表明，存在微生物群落的改变，并且代谢紊乱发生的风险有所增加。另一个常见的研究关注点是，在抗菌治疗导致微生物群失调后，胃肠道感染的易感性会增强。

总的来说，由于各项研究的设计不同（如药物种类、剂量、接触时间、研究模型等），而且分析方法大相径庭，所报告的对微生物群的影响多种多样，在某些情况下甚至会相互矛盾。因此，无法评估不同研究之间的方法可重复性与可比性。在微生物组研究中，方法标准化的缺乏是一个普遍现象。此外，在本书所纳入的所有案例中，微生物组紊乱与健康影响之间的关系只是相关性的或者是推测性的。由于缺乏已证实的因果关系，也没有机制表明肠道微生物组是如何调节健康紊乱的，所以很难将微生物组数据纳入风险评估当中。

CONTENTS |目　录|

© 粮农组织/Hkun Lat

© 粮农组织/Giulio Napolitano

# 第 1 章

# 引　言

　　根据《食品法典委员会程序手册》（Codex Procedural Manual）的定义，兽药包括一大类化学药剂，"无论是出于治疗、预防或诊断的目的，还是用于改变生理功能或行为，任何用于食用动物（如肉类或产奶动物、家禽、鱼类或蜂类）的物质"都属于兽药（食品法典委员会，2018a）。兽医学里有数百种不同的药物用于治疗和管理食用动物。根据功能活性不同，食品添加剂联合专家委员会（JECFA）把食物中兽药残留物的安全性分为13个功能类别进行评估（表1-1）。有些兽药可能属于多个类别。例如，肾上腺素受体激动剂也可归类为生产助剂，抗微生物剂可能也具有抗原生动物的性质（食品法典委员会，2018b）。

表1-1　食品添加剂联合专家委员会兽药功能类别

| | | |
|---|---|---|
| 肾上腺素受体激动剂 | 抗原生动物剂 | 生产助剂 |
| β-肾上腺素受体阻断剂 | 糖皮质甾类 | 镇定剂 |
| 驱虫剂 | 生长促进剂 | 杀锥虫剂 |
| 抗真菌剂 | 杀虫剂 | 兽药，未分类 |
| 抗微生物剂 | | |

　　资料来源：食品法典委员会，2018b。食典食品兽药残留在线数据库。参见：食品法典委员会。罗马。2019年9月引用。https://www.fao.org/fao-who-codexalimentarius/codex-texts/dbs/vetdrugs/en

　　兽药可口服使用，包括作为补充剂食用或饮用，可进行静脉注射或肌内注射、乳腺内注射、皮下注射、喷雾给药、涂抹皮肤局部给药；如果用于鱼类，则以浸泡的方式给药。药物通过处理后的人类和动物排泄物（包括粪肥）或径流进入环境。此外，有些抗菌剂，如抗生素（如庆大霉素、四环素、噁喹酸）和抗真菌化合物，也会被用于水果、蔬菜、谷物和豆类以控制植物病害。因此，陆生和水生动植物可能在无意中接触到暴露在环境里的药物，例如在受污染的牧场放牧，接触水污染或土壤污染的环境。对食用动物的环境暴露，虽然在本书中未做特别考虑或讨论，却是"同一健康"范式中的重要考量因素。

取决于特定药物的药物代谢动力学性质、药物制剂和给药途径，药物在给药部位被吸收，随后系统性地分布到动物体内的各个组织。这些组织包括但不限于肌肉、脂肪、器官（如肾脏、肝脏和肺部）以及动物产品，如牛奶、乳制品、鸡蛋和蜂蜜。给药后，药物残留可能集中出现在动物体内的某些部位；例如，一些脂溶性药物可能囤积在脂肪组织中，或聚集在肝脏或肾脏中，并在这些地方进行代谢和排泄。值得注意的是，注射部位的药物残留浓度可能比周围骨骼肌的更高。最终，药物在不同程度上进行代谢并从动物体内排出。就鱼类而言，环境温度也可能影响其代谢和排泄率。特定药物最后一次给药时间与任何组织里的药物残留量之间的关系由多个因素决定，包括药物剂量和给药途径、药物动力学性质、动物物种和动物的健康状况。最后一次给药到屠宰之前的休药期期往往由政府部门决定，以避免药物残留可能对人类造成风险。

药物用于治疗、控制或预防疾病，也可用作生长促进剂。例如，抗生素曾以低于治疗水平的剂量促进动物生长，尽管许多国家严格控制或禁止这一做法。如果药物未按批准使用（如在不同的动物种类、采用不同的剂量或给药频率，或以不同的给药速率实施超说明书用药），组织中存在的残留物水平可能与预期不同。多种原因可能导致药物使用超出核定目的或指定目的：部分农民缺乏对正确使用方法的真正认识、故意偏离指定的用途（如无法获得批准的药物）以及政府部门缺乏监管或监督。在发展中国家此类问题令人担忧（Muaz等，2018）。如果用到食用动物身上，这些因素就可能导致人类食用的食物中存在药物残留。动物源产品（如牛奶、肉类、鸡蛋、动物器官组织、鱼类和虾类）和蔬菜中都发现了兽药残留物（Chen、Ying和Deng，2019）。食品中的兽药残留含量往往超出国家或国际标准（Bacanli和Basaran，2019）。国家监测计划旨在调查兽药残留监管限制的合规情况，验证兽药管理和最佳实践的有效性。美国（USDA，2019）、欧盟（EFSA，2021）和澳大利亚（Australian Department of Agriculture Water and the Environment，2020）的最新报告表明，超99.6%的样本达到合规标准。然而，由于兽医领域中抗菌剂的不当使用以及缺乏严格的监管和执法框架，发展中国家食品中发现兽药残留的频率可能更高（Ayukekbong、Ntemgwa和Atabe，2017）。

通过肉类、牛奶、乳制品、鸡蛋等食物摄入的兽药残留若未在胃肠道内被吸收，可能会与人体胃肠道微生物群保持接触。此外，摄入和吸收的药物残留可能会被宿主代谢并释放回肠道，进一步与肠道微生物组相互作用。决定药物对人体胃肠道微生物组的影响因素主要有两个，即药物的物理化学性质和药物代谢动力学性质。

　　本书从人类健康和兽药残留风险评估的视角探讨人类胃肠道微生物的现状。本书将讨论评估微生物组的定义、工具和方法论。其中还包括已发表的体外研究或体内研究，目的在于评估兽药残留在人体肠道微生物组的暴露情况。药物对食品生产动物肠道微生物组的影响不属于本书的讨论范畴。治疗剂量下药物对人体肠道微生物组的影响将被简要讨论。

© Scott Nelson/WPN for FAO

# 第 2 章

# 什么是肠道微生物组？

肠道微生物组（Microbiome）是由细菌、真菌、病毒、原生动物和古菌组成的动态微生物网络，这些微生物与宿主存在共生关系（Durack 和 Lynch，2018）。另一个术语——微生物群（Microbiota）也表示微生物群体。由于缺乏一致的定义，两个术语（Microbiome 和 Microbiota）通常可交替使用。一般来说，微生物群（Microbiota）指的是微生物组落内由微生物个体组成的群体及其分类结构。微生物组（Microbiome）则是一个更加复杂的实体，除了微生物群的概念外，还包括该群体内的功能和动态。最通俗的定义将微生物组（Microbiome）描述为生活在皮肤和胃肠道等特定身体部位的微生物基因组集体（Turnbaugh 等，2007）。较新的提议将微生物组（Microbiome）定义为"一种占据合理明确栖息地且具有独特物理化学属性的典型微生物组落"（Berg 等，2020）。必须指出的是，微生物组（Microbiome）是在有着明确功能性的生态系统内的一个群体，而不仅仅是不同微生物个体的总和。

大多数关于肠道微生物群（Microbiota）的研究都侧重研究细菌群体。其中最大的门类是厚壁菌门（Firmicutes）和拟杆菌门（Bacteroidetes），占据肠道微生物群体总数的90%以上（Almeida 等，2019；Cani 和 Delzenne，2007）。小门类包括放线菌门（Actinobacteria）和变形菌门（Proteobacteria），其他门类菌群的数量则较少（Qin 等，2010）。然而，对于病毒和真菌等其他微生物群（Microbiota）成员，以及它们在复杂的微生物组网络和微生物组-宿主关系中的相互作用和整体作用，人们还知之甚少。病毒群落，又名病毒组，由DNA（脱氧核糖核酸）和核糖核酸（RNA）感染的细菌（如噬菌体）、古菌、真核病毒和逆转录病毒组成（Mukhopadhya 等，2019），其数量比细菌细胞总数的10倍还要多。尽管了解不足，但肠道噬菌体是数量最多的病毒类型，其已知功能包括塑造肠道微生物的组成、促进细菌多样性[①]以及推动水平基因转

---

[①] 分类多样性指在明确定义的研究单位中物种的多样性和数量（Magurran，2013）。分类多样性由两个部分组成：丰度（研究单位物种总数量）和均匀度（群体中各种物种丰度的相对差异）（Young 和 Schmidt，2008）。

移（Sutton 和 Hill，2019）。真菌群，也被称为真菌组，位于肠道的下部，数量比细菌少。不过，与细菌群相比，真菌群的研究较少。最近，真菌组在微生物组中的作用及其与宿主的互动引起人们关注（Richard 和 Sokol，2019；Santus、Devlin 和 Behnsen，2021）。

据报道，真菌组的转变能影响免疫稳态，可能导致慢性炎症，例如，炎性肠病（Gutierrez 等，2022；Iliev 和 Leonardi，2017）。有限的研究表明，另一种缺乏研究的微生物组成员古菌，可能导致宿主稳态失调和炎性肠病（Houshyar 等，2021；Mohammadzadeh 等，2022）。

肠道微生物组（Microbiome）在生命早期开始形成，从出生时开始接触母体和环境，之后不断进化，在胃肠道中形成复杂的生态系统（Arrieta 等，2014；Bäckhed 等，2015；Wampach 等，2017）。肠道微生物组的构成和动态高度依赖应激源和环境因素，而不是宿主基因（Rothschild 等，2018）。尽管许多报告表明，微生物组的组成在发育成熟后会趋于稳定，但群体水平的分析显示，微生物组仍具有高度的动态性（Priya 和 Blekhman，2019），个体间在分类学上存在高度多样性，并且个体内部在时间上存在变异性（Lloyd-Price、Abu-Ali 和 Huttenhower，2016；Shanahan、Ghosh 和 O'Toole，2021）。比起其组成，微生物组功能的演变也同样有趣。研究表明，微生物在生命的早期就实现了功能稳定，且之后很可能长时间内可保持稳定（Kostic 等，2015）。

胃肠道中的不同环境条件（如酸碱值、氧压、营养物质）决定了不同部位的微生物组组成（图 2-1）。在肠道的上半部分，兼性厌氧菌（Facultative anaerobes）的数量较多，由于越靠近结肠氧压越低，具有高度发酵能力的厌氧菌的数量也随之增加（Kennedy 和 Chang，2020）。大多数研究关注结肠和盲肠上的微生物组，因为这些地方的微生物数量多且粪便样本易获取。此外，大肠微生物组（Microbiome）比小肠微生物群落（Microbial community）更多样也更稳定，小肠微生物组所处的环境条件也更残酷（低 pH、酶、胆汁酸）（Kastl 等，2020；Rowan-Nash 等，2019）。不过，小肠微生物组由于需要适应快速变化的环境而更具活力。作为吸收营养物质和其他化合物的主要场所，小肠也是微生物组、异生物质和宿主之间发生相关相互作用的场所（Kastl 等，2020）。尽管大多数研究以粪便和盲肠中的微生物组为研究对象，但最先接触异生物质的是小肠微生物组，由于其可能影响宿主生理，还可能更具响应性（Martinez-Guryn 等，2018；Scheithauer 等，2016）。

除了纵向差异，胃肠道生态系统中微生物组的组成和功能还存在横向差异（Yang 等，2020）。一方面，管腔微生物组对消化和吸收碳水化合物至关重要。另一方面，黏膜微生物组起着重要的保护作用，如维持黏液层完整及调节肠道上皮细胞和免疫细胞的免疫功能等（Yang 等，2020）。

| | 血氧分压/毫米汞柱 | 酸碱值 | 菌落形成单位/毫升 | 活动 |
|---|---|---|---|---|
| 胃 | 77 | 1～3 | $10^1 \sim 10^3$ | 机械、化学和酶消化 |
| 小肠 | 33 | 十二指肠 5～7 | $10^1 \sim 10^4$ | 消化（蛋白质、单糖、短链脂肪酸）免疫调节剂 |
| | | 空肠 7～9 | $10^3 \sim 10^5$ | 吸收（游离脂肪酸、碳水化合物、小分子肽、矿物质、维生素A、维生素D、维生素E、维生素K） |
| | | 回肠 7～8 | $10^3 \sim 10^8$ | 吸收（维生素$V_{12}$、胆汁酸） |
| 大肠 | <33 | 近端结肠 5.4～5.9 | $10^1 \sim 10^{11}$ | 细菌滋生活跃 高纤维和多糖 碳水化合物发酵 短链脂肪酸产量增加 |
| | | 横结肠 6.1～6.4 | $10^{11} \sim 10^{12}$ | 底物耗尽 细菌活动减少 短链脂肪酸产量下降 |
| | | 远端结肠 6.1～6.9 | $\geqslant 10^{12}$ | 细菌滋生缓慢 底物浓度低 蛋白质发酵 短链脂肪酸产量低 |

影响微生物群数量与多样性的因素

年龄
饮食
宿主基因
体力活动
地理位置
异生物质暴露
抗生素
环境
胃动力
胃液分泌

图2-1　胃肠道状况与生理活性

资料来源：Clark G., Sandhu K.U., Griffin B.T., 等，2019。肠道反应：分解异种生物和微生物组之间的相互作用。药理学综述，71（2）：198。https://doi.org/10.1124/pr.118.015768

Kennedy M.S., Chang E.B., 2020。第一章微生物组：组成和位置。在：Kasselman L.J. 编著。分子生物学与转化科学研究进展，第3页。1–42. 学术出版社。https://doi.org/10.1016/bs.pmbts.2020.08.013

Payne A.N., Zihler A., Chassard C., 等，2012。体外人体肠道发酵建模的研究进展和展望。生物技术的发展趋势，30（1）：17–25。https://doi.org/10.1016/j.tibtech.2011.06.011

Scheithauer T.P.M., Dallinga-Thie G.M., De Uos W.M., 等，2016。小、大肠道微生物组对调节体重和胰岛素抵抗的因果关系。分子代谢，5（9）：759–770。https://doi.org/10.1016/j.molmet.2016.06.002

肠道微生物组在三个方面对宿主的稳态做出贡献（Abdelsalam等，2020）。第一，肠道微生物组有助于消化和代谢食物成分（如复杂碳水化合物的发酵）和其他异生化合物（Koppel、Maini Rekdal和Balskus，2017）。微生物组可以代谢宿主产生的化合物，如将肠道胆汁酸转化为次级胆汁酸，并参与肠脑轴交流，如通过调节参与形成肥胖的信号传导过程（Schéle等，2013）。第二，微生物组生产维生素、氨基酸和短链脂肪酸（short-chain fatty acids，SCFAs）等重要代谢物。短链脂肪酸是碳水化合物发酵的产物，值得特别关注，因为肠道上皮细胞可以将其用作能量来源。此外，短链脂肪酸还可调节代谢途径、神经和肠道功能，并参与调节宿主的免疫反应（Koh等，2016；Neish，2009；Portincasa等，2022）。第三，微生物组通过刺激免疫系统并促进其成熟起到保护作用。此外，微生物组还参与维持肠道屏障。定殖抗力和定殖屏障是肠道微生物群为肠道提供的第一道防御，特点是防止外源性病菌的定殖和共生条件致病菌的增殖（Pilmis、Le Monnier和Zahar，2020）。宿主还通过肠道免疫系统来维持定殖抗性，如调节抗菌肽和黏液的生成（Kinnebrew等，2010；Mowat和Agace，2014）。

肠道定殖和免受病菌入侵的保护都依赖于微生物环境。斯特彻（2021）指出，在特定微生物群存在的情况下，微生物物种的特定菌株可能具有保护作用，并以微生物群对抗鼠伤寒沙门菌所采用的机制作为监测定殖抗性的模型。这些机制包括：①通过竞争关键底物、产生抗微生物蛋白或代谢产物来抑制肠腔定殖；②调节宿主代谢活性和免疫反应；③干扰毒力因子的表达；④一些微生物群成员可能通过炎症反应引发的定殖菌增殖来降低病原菌负担。短链脂肪酸（如丁酸、丙酸和乙酸等）是参与这些机制的微生物代谢产物，在微生物组研究中常常被监测。

尽管有大量科学信息将微生物组与人类健康和疾病联系起来，但对于健康和不健康（菌群失调）的微生物组由什么构成，学界还未达成共识。定义健康微生物组的主要挑战是健康人群中的个体间变异差异度较高（Wei等，2021）。一些方法关注基于人群发展的定义，例如"核心微生物群"、"核心微生物组"（或"核心功能微生物组"）、"核心转录组"（或"活跃功能核心"），以代指人群中"常见"菌群的组成、功能和转化功能（Shetty等，2017）。2017年，学界举办了多学科研讨会探讨这一问题："我们能否通过可量化的特征开始定义健康的肠道微生物组？"（McBurney等，2019）。由于定义"健康的微生物组"存在困难，该小组建议研究应转向确定减少共生特征的因素（如环境、临床或营养方面的因素），并突出微生物组的整体功能、多样性和活动冗余的重要性。活动冗余在微生物组中很常见（Louca等，2018；McBurney等，2019）。例如，来自不同分类群的几个物种可以发酵复杂的碳水化合物并释放短链脂肪酸。另一个例子是几种细菌类群都能代谢糖皮质激素地塞米松（Glucocorticoid dexamethasone）（Zimmermann等，2019）。微生物组越是多样化，功能冗余发生的可能性越高。根据干扰程度不同，如果微生物组的整体功能没有受到损害，微生物群组成的变化可能并不重要。因此，仅研究微生物组的组成可能不足以完全解释其功能（Lozupone等，2012）和微生物组-宿主之间的相互作用。与其分类组成相比，微生物组的功能组成似乎更加稳定（区分能力更强）（Louca等，2016；Shanahan、Ghosh和O'Toole，2021）。基于此，研究团队提出了关于如何更好地解释和理解微生物组数据的方法的适用性问题，如采用表型性状分析（如分子或代谢）或单纯的分类分析（Martiny等，2015；Xu等，2014）。

微生物组组成的失衡和其复杂结构的破坏被称为微生态失调（Petersen和Round，2014）。遗憾的是，这又是一个没有公认定义的概念（Hooks和O'Malley，2017）。肠道微生态失调与多样性和数量丧失、厚壁菌门和拟杆菌门的比例变化、有益菌相对数量的降低以及微生物组正常功能的改变有关（Petersen和Round，2014；Pilmis、Le Monnier和Zahar，2020）。微生态失调能够影响宿主的免疫系统，并为艰难梭菌（*Clostridium difficile*）和念珠菌（*Candida* spp.）等少数条件性微生物或致病微生物创造了合适的增殖环境（Berg等，2020；Petersen和Round，2014）。许多这些致病菌属于变形菌门（Proteobacteria），在健康个体的肠道菌群中变形菌门数量较少。在变形菌门中，肠杆菌科（Enterobacteriaceae）包含大肠杆菌（*Escherichia coli*）、志贺菌（*Shigella*）和克雷伯菌（*Klebsiella* spp.）等潜在致病菌属。人们提议将变形菌门作为肠道微生态失调和疾病风险的潜在标记物（Shin、Whon和Bae，2015）。肠道菌群失调与肠道屏障功能受损、肠道疾病、免疫介导性和代谢性疾病（如炎性肠病、肥胖症）以及神经系统的变化有关（Margolis、Cryan和Mayer，2021；Sanders等，2021；Zheng、Liwinski和Elinav，2020）。最近的一项综述收集了用于确定肠道菌群失调的指标并进行分类（Wei等，2021），主要目的是用作临床医学的标记物。其中大多数指标是基于对微生物组的分类组成和多样性参数的描述，并且通常更重视微生物群落（Microbial community）的结构而非功能方面。

©粮农组织/Bay Ismoyo

# 第 3 章

# 微生物组的相关研究

众多方法可用于研究微生物组的组成、多样性、功能及其与宿主和环境的关系。然而，目前尚无黄金准则，选择最合适的模型和分析策略主要取决于研究目的和需要回答的问题。

## 模型

由于肠道微生物组与宿主之间为共生关系，涉及许多系统性过程，使用活体生物提供的信息是无法仅凭体外系统获取的。然而，科学界正面临的压力是，要用更人道的方法来替代动物实验，包括体外和离体模型。尽管如此，体外模型对于理解微生物组及其对环境条件和膳食化合物暴露反应的动态变化仍具有重要价值。

例如，体外模型包括发酵室或生物反应器（Nissen、Casciano 和 Gianotti，2020）。这些模型可以模拟不同的胃肠环境条件。生物反应器的类型众多，其复杂程度各不相同。最简单的装置（如分批发酵模型）是在特定条件下运行的反应器，使用一种固定的培养基，且培养基不随时间推移而更换。例如，这一系统已用于使用人类粪便的微生物群（Jung 等，2018）评估四环素残留。在连续的培养生物反应器中，则需定期更换培养基，并不时监测环境和营养参数的变化。"恒化器"生物反应器已被用于评估微生物群（如混合粪便悬浮液）中的兽药残留暴露情况与定殖抗力。例如，这个模型已被用于研究环丙沙星（Carman 等，2004；Carmana 和 Woodburn，2001）、四环素、新霉素、红霉素（Carman 等，2005）、喹赛多（Hao 等，2013）、替米考星（Hao 等，2015）和泰拉霉素（Hao 等，2016）残留水平的影响。更现代化和复杂的系统由多个串联的生物反应器组成，可模拟胃肠道不同部位的状况，包括蠕动 [如人体肠道微生物生态系统模拟器（SHIME®）、TIM-2、SIMGI]（Guzman-Rodriguez 等，2018；Nissen、Casciano 和 Gianotti，2020；Van de Wiele 等，2015）。在这些系统里可以研究微生物组的组成和功能的动态变化（如短链脂肪酸、维生素和通信信号的产生）。它们已被用于评估膳食成分、益生元和药物、杀虫剂等异生物质的影响（Guzman-Rodriguez等，2018；Joly等，2013；Nissen、Casciano和Gianotti，2020；Reygner等，2016a）。这些系统还可以评估药物的微生物转化和抗菌耐药基因的潜在转移。例如，人体肠道微生物生态系统黏膜模拟器（M-SHIME）是个优化过的系统，可实现黏膜微生物组的定殖，已被用于证明在存在头孢噻肟的情况下（Lambrecht等，2021），可将迁移性抗微生物药耐药基因从共生型大肠杆菌（分离自肉鸡）水平转移到人体的微生物群成员（大肠杆菌和厌氧菌）中。使用SHIME模型的研究揭示了万古霉素暴露后条件性致病菌的扩张（Liu等，2020），以及黏菌素和阿莫西林暴露后人体肠道微生物群和耐药基因组的改变（Li等，2021）。

然而，没有任何一个生物反应器能模拟所有关键的解剖和生理胃肠道条件（Roupar等，2021）。例如，生物反应器没有考虑物质对肠黏膜上皮细胞的影响，这是使用上皮细胞培养基可以实现的，例如，源自人类结肠癌细胞的单层细胞系Caco-2、HT29和T84（Gokulan等，2017；Pearce等，2018）。T84是以上三种细胞中评估上皮屏障功能的最佳选择，原因是其可以分泌黏液，模拟人体肠道。此外，T84表达细胞完整性基因（如密封蛋白），可用于测量对异生物质的渗透性变化（Gokulan等，2017）。T84细胞系已被用于评估低剂量四环素对微生物组屏障功能的影响（Gokulan等，2017）。Caco-2细胞系已被用于开发用于确定最小破坏浓度（Minimal Disruptive Concentration，MDC）[①]的模型，最小破坏浓度可替代最小抑制浓度（Minimal Inhibitory Concentration，MIC）（Wagner、Johnson和Cerniglia，2008）。细胞系的缺点是缺乏肠道中的细胞多样性，以及无法培养细菌群落。另一种逐渐成为体外测试黄金标准的方法是，将反应器和细胞培养联合使用，以组合这两种系统的优势（Requile等，2018）。这种组合已被用于评估氯吡硫磷（Requile等，2018）和高效氯氰菊酯（Defois等，2018）等农药。最新进展使得离体模型（如肠道肠腺体和器官体、器官芯片和微流控装置）的发展成为可能。这类模型由功能性活体组织组成，其细胞环境比细胞培养更为复杂，且更接近人体体内系统的环境（May、Evans和Parry，2017；Pearce等，2018）。尽管这些方法还在不断发展，但它们在药物研发和药品-微生物群-宿主评估方面具有应用潜能。然而，由于培养期短、人体样本获取成本高、难度大以及适用性受限等缺点，这些方法的应用仍然有限（May、Evans和Parry，2017；Pearce等，2018）。最近一项有前景的进展是一种基于能产生黏蛋白的人结肠腺癌细胞（Caco-2）上皮细胞和一

---

① 最小破坏浓度是抗微生物药物的最小浓度，可破坏模拟人体肠道微生物组介导的定殖抗力，该定殖抗力由模拟人体肠道微生物群对抗沙门菌侵入Caco-2肠道细胞介导（Wagner、Johnson和Cerniglia，2008）。

层内皮层的厌氧肠芯片（Jalili-Firoozinezhad 等，2019）。它可以培养复杂的粪便微生物群，培养期长达5天。该系统可能再现和调节胃肠道不同位置的环境条件，包括纳入更多肠道细胞类型和监测肠道屏障功能。由于这些改进，复杂的体外系统或将可以用于评估健康和疾病状态下微生物组与宿主的相互作用。

如果要用活体动物模型代替人体模型研究人类肠道微生物组，关键是这些动物模型要在生理和临床方面与人体相关。研究目标决定着模型的选择。选择动物模型的标准包括遗传背景、基线微生物群或疾病的表型表达（Kamareddine 等，2020）。狗和猪的优势菌门与人类相似（即固着菌门和类杆菌门），但在属一级与人类有显著差异（Hoffmann 等，2015）。虽然非人灵长类动物在基因上更接近人类，但它们的肠道微生物组与人类差异很大，因此不太适合作为研究模型（Amato 等，2015）。与小鼠相比，大鼠的基线微生物群与人类更为相似（Flemer 等，2017；Wos-Oxleyet 等，2012）。小鼠的优势菌属虽然与人类相似，但在几个与健康相关的菌属上还是与人类不同（Nguyen 等，2015）。然而，小鼠和大鼠一直是研究微生物组的主要模型。小鼠可进行遗传操作，例如模拟人类疾病状况，而且相对于大鼠而言有更多的遗传变异用于研究影响微生物群组成等机制（Turner，2018）。无菌小鼠对于验证假设极具价值。它们也有助于确立微生物组的变化（如组成和功能方面）与宿主的生理改变、机会性感染及患病倾向之间的因果关系。在微生物组研究中，无菌动物会被接种细菌培养物，或者植入来自供体的健康或已改变的微生物群。当供体为人类时，无菌小鼠将人源化［也称为人类菌群相关（HFA）小鼠］。如后文所述，人源化的小鼠用于评估残留的和用于治疗的四环素剂量（Perrin-Guyomard 等，2001；Perrin-Guyomard 等，2005；Perrin-Guyomard 等，2006）。无菌小鼠有两种类型，各有利弊（Kennedy、King 和 Baldridge，2018）。一方面，真正的无菌小鼠是在严格的环境条件下培育和饲养的，不含任何微生物。在研究设计和推断研究结果时，需要考虑无菌动物与传统动物在生理上存在的差异。例如，上皮更新缓慢、免疫系统改变、胃肠细胞基因表达和黏液层减少（Fritz 等，2013）。另一方面，受抗生素处理的（接近无菌的）动物是一种低成本的替代方法，通常使用相对高剂量的氨苄西林、万古霉素、新霉素和甲硝唑来清除小鼠肠道微生物群（Kennedy、King 和 Baldridge，2018；Ray 等，2021；Reikvam 等，2011）。尽管无菌动物已被广泛用于证明微生物组变化与宿主生理改变及疾病之间的因果关系，但在证明微生物组对药物治疗效果的调节作用方面，其应用相对有限（Zimmermann 等，2021）。

除了动物类型和遗传背景外，年龄也是研究微生物组和膳食化合物效果的一个关键因素。如前文所述，微生物组的组成从生命初期到成年期变化巨大，幼年时期的变化可能会影响生命后期不同疾病的发展，特别是在早期接触过抗生素的情况下，可能会受到紊乱后的微生物组介导，生命体有较高的风险患上非传染性疾病（如代谢性和免疫介导性疾病）（Rautava，2021）。

动物研究中另一个需要考虑的因素是个体间的高度差异性。个体间微生物群组成的差异要求高度重视样本大小，以免影响统计结果的稳健性。其他需要考虑的研究因素包括确定试剂剂量和实验周期，这些都和兽药残留研究相关。研究肠道微生物群暴露于兽药残留时，应考虑从低到高直至治疗用量的浓度梯度设计。还应考虑用于食品动物中的药物代谢物和典型药物组合。由于人类可能长期接触潜在的兽药残留，因此暴露期必须是长期暴露。

## 分析方面的考量——采样和样本准备

任何分析方法的关键都是收集具有代表性的样本。许多研究都从粪便样品中评估微生物群，因为这种方法成本低、效率高、无创伤。在纵向研究中，这是一种监测微生物群随时间演变的实用方法。该方法也能评估不同肠道位置的微生物群，但通常是在研究结束，动物安乐死之后收集（一次性评估）。不过，重要的是要考虑到因在胃肠道中位置的不同，微生物群的组成会有所不同。虽然粪便微生物群与结肠/盲肠的微生物群更为相似，但它可能并不代表小肠的微生物群体（Kastl等，2020）。

关于微生物群来源适用性的有争议的问题之一是，使用来自捐赠者的混合或未混合物质（如粪便样本）。使用混合材料的原因在于微生物群组成的个体差异。Jung等人（2018）进行了一项体外研究，评估了四环素残留对来自三个个体的非混合粪便样本的影响，并报告了在一些研究中个体间差异对包括微生物组组成等存在的影响，本书还将对该研究进行更深入的讨论。Aguirre等人（2014）比较了在TIM-2连续性生物反应器中非混合和混合的粪便样本。尽管混合样本和单个样本中的微生物群在特定类群方面略有不同，但在多样性方面并无重大差异，这表明混合样本适合在生物反应器中进行体外实验。混合样本具有多种优势（Aguirre等，2014），包括可在多个实验中使用标准化样本，这将有助于比较不同研究的结果，并可提高实验的可重复性。此外，一个优化的混合样本将形成代表一个特定或整个群体的微生物多样性。

需要仔细考虑样品的采集、处理、储存和加工，以保持微生物的稳定性和分析物的完整性（如DNA和微生物代谢物）（Bharti和Grimm，2021）。例如，在研究粪便微生物群时，粪便悬液的稀释可能会改变微生物组成，这可能是因为与液相相比，不同细菌群体对粪便颗粒的黏附特性存在差异。Ahn等人（2012b）观察到，50%的粪便悬浮液要比10%和25%的粪便悬浮液含有更多的厚壁菌门。此外，Ahn等人（2012b）没有汇集人类的粪便样本，也没有发现个体间的差异。例如，兽药注册技术要求国际协调会（VICH，2019）发布的方法建议，例如，描述了粪便供体特征、样本采集、粪便浓度和粪浆稀释等内容。

## 分析方法

关于微生物组、微生物组-异生素和微生物组-宿主相互作用的研究在过去十年中发展迅速，与此同时，组学技术、生物信息学和机器学习也取得了新的进展。技术发展（如测序技术）让基于DNA（如元基因组学）和RNA（如元转录组学）的非培养方法能够从整体角度研究微生物群落。组学技术（如元基因组学、元转录组学、代谢组学、元蛋白组学）为从整体角度分析和解析复杂的微生物生态系统提供了一个独特的机会。不过，尽管现代方法对了解微生物群落及其环境做出了巨大贡献，但更传统的分析工具也是研究微生物组的研究方法之一。如何选择最合适的方法取决于研究问题和假设（Allaband等，2019）。

分析微生物群的组成和多样性最常用的方法是对16S核糖体RNA（rRNA）基因（细菌和古菌）、18SrRNA基因和内转录间隔区（ITS）（真核生物，如真菌）进行测序。

这种方法包括DNA提取、扩增、标准化、文库构建、测序和生物信息分析（Arrieta等，2014）。16SrRNA基因在细菌中高度保守，已被用作原核生物分类和系统发育分析的可靠标记（Yang、Wang和Qian，2016）。该基因有9个超变异区（V1～V9），其中一些比另一些更加保守。目标区域将决定所分析物的分类层级，范围从高级类群（较为保守的区域）到属的识别（不太保守的区域）。因为某些物种的目标区域是相同的，16SrRNA基因测序的分辨率有限，并非总能在物种水平上进行识别（Jovel等，2016；Wang等，2007）。不同的检测条件，包括样本采集、遗传物质提取、聚合酶链式反应（PCR）引物的选择以及计算流程，都可能导致不同的微生物组图谱（Human Microbiome Project Consortium，2012；Sinha等，2017），这会影响方法的比较和可重复性。因此，包括聚合酶链式反应（PCR）引物在内的实验方案标准化，是实现结果一致性的重要步骤。

不过，通过鸟枪法宏基因组学分析方法，可以对微生物组进行全面的基因分析。与靶向扩增子测序（如ITS、16SrRNA和18SrRNA基因）不同，非靶向鸟枪法宏基因组学对样本中存在的完整基因组进行测序。与16SrRNA基因测序相比，这种分析方法具有更广的分类范围（不仅包括细菌，还包括病毒、真菌、古菌和小型真核生物）和分辨率（低至物种和菌株水平）（Allaband等，

2019）。鸟枪法宏基因组学分析方法不仅可用于确定微生物群落的分类结构，还可用于确定微生物组的功能潜力。比如，功能分析包括识别遗传特征，以及评估生化代谢途径和微生物群活动潜在的上调或下调情况。目前，对于最佳序列组合方法还没有一个一致的标准（Galloway-Pena 和 Hanson，2020）。尽管鸟枪法宏基因组学功能强大，但也会因实验和计算的因素而产生错误和偏差，而且与16SrRNA基因测序分析一样，它也存在可重复性问题（Allaband等，2019）。

基因组学提供了基因存在的信息，但并未表明这些基因是否正在表达。基因的转录是通过分析信使核糖核酸（mRNA）来评估的。它提供了哪些代谢途径可能被上调或下调的机制性见解。以qRT-PCR或微阵列为基础的转录组学技术可被用于分析目标特异性基因的转录。与元基因组学类似，元转录组学（mRNA测序）分析的目标是整个mRNA的内容（Shakya、Lo和Chain，2019）。

元蛋白组学和代谢组学也是用于测量微生物功能的分析方法。代谢组学有不同的方法。靶向方法侧重于分析特定的化合物组或化合物家族（如短链脂肪酸），而非靶向分析方法则旨在检测尽可能多的代谢物。

代谢组学可根据分析的化合物类型使用不同的名称，例如，脂质组学（脂质分析）或挥发组学（挥发性有机化合物分析）。检测技术虽然可以使用核磁共振波谱法，但主要包括质谱法。接触膳食化合物后，转变了的代谢物谱可能表明微生物组的正常功能发生了变化。由于微生物代谢物参与宿主的生理和新陈代谢过程，微生物组活性的变化也有可能引起宿主的改变。微生物代谢物通常从盲肠内容物或粪便样本中进行分析。然而，在宿主吸收了微生物代谢物后，也会在血浆和其他组织中发现它们。代谢组学通常与元基因组学或转录组学研究相结合。

没有人质疑组学研究方法在了解微生物结构和过程方面的潜在优势。然而，组学研究技术也带来了新的挑战。它们提供了大量数据，须经过处理并转化才能成为有价值和有意义的信息。然而，由于现有知识的不足，仍有一些信息无法解码。例如，一些已确定的代谢活动无法与基因或特定酶联系起来（Koppel、Maini Rekdal和Balskus，2017）。反之也是如此。例如，86%的粪便元基因组无法归入已知的代谢途径（Human Microbiome Project Consortium，2012）。对于代谢组学而言，同样具有挑战性的是对检测到的新分子或经微生物组或宿主修饰的分子进行注释[①]，而这些分子与参考数据库中的已知化合物并

---

① 此处代谢物注释指的是"代谢物的初步鉴定"。与此相关的还有离子注释，指的是"将不同的代谢特征（加合物、电荷和损耗）赋予一个单一的值"（Godzien等，2018）。

不匹配。

虽然组学为了解微生物网的复杂性及其与生态系统之间的相互作用提供了新机会，但传统分析方法和靶向分析方法有其特定用途并将继续延用。例如，传统分析方法可以补充组学研究结果，以表征新发现的微生物群或代谢途径。

## 标准化和最优措施

研究微生物组需要复杂的研究设计、分析方法和数据处理流程。该过程的每个环节都存在固有的挑战，例如实验设计、样本采集和处理、核提取、测序和计算分析。一些已发表的文章重点介绍了提高可重复性、避免或减少偏差的最优措施（Bhart和Grimm，2021；Bokulich等，2020；Knight等，2018）。此外，有几项倡议旨在将用于研究微生物组的方法标准化。例如，人类微生物组计划[①]（Human Microbiome Project）制定了宏基因组分析的标准化方法和协议。由欧盟委员会（European Commission）资助的国际人类微生物组标准[②]（IHMS）制定了操作程序，以优化数据质量，实现研究间的可比性。美国国家标准与技术研究院（NIST）正与利益相关方开展多项计划来培养科学家并规范研究方法[③]。

© 粮农组织/Bay Ismoyo

---

[①] 人类微生物组计划，由美国国家卫生研究院资助。hmpdacc.org 和 commonfund.nih.gov/hmp

[②] 国际人类微生物组标准（IHMS）。www.microbiome-standards.org/index.php

[③] 美国国家标准与技术研究院（NIST）关于微生物组的研究。www.nist.gov/mml/bbd/primary-focus- are as/microbiome（于2022年7月18日访问该网址）。

# 第 4 章

# 肠道微生物组、人体和药剂的相互作用

口服药物会在胃肠道的各个位置与不同微生物群产生双向作用。药物可以改变微生物组的组成和功能，微生物组也可以代谢药物。此外，宿主也参与进这种相互作用之中，形成了药物-微生物组-宿主的三重相互作用。药物-微生物组的相互作用也会影响宿主。此外，宿主可以代谢掉口服药物和非口服（如静脉注射）药物并将其释放到肠道，在肠道中与肠道微生物组进一步相互作用。评估微生物组与药物之间相互作用的领域是一个全新的综合领域，被称为药物微生物组（Weersma、Zhernakova 和 Fu，2020）。不过，由于本书的重点是兽药残留，非口服药的作用超出了本书的范围，因此不再过多讨论。

## 微生物组对药物的作用

肠道微生物组在异生素转化中起作用，但参与这一活动的大多数基因和酶尚不清楚（Koppel 等，2018）。微生物酶库包括许多酶类（如水解酶、裂解酶、氧化还原酶和转移酶），广泛存在于肠道微生物中（Koppel、Maini Rekdal 和 Balskus，2017）。药物的微生物生物转化过程包括水解、去除琥珀酸基、二羟基化、乙酰化、脱乙酰化、氮-氧化物裂解、蛋白水解、变性、脱钩、噻唑开环、脱糖基化和脱甲基化（Claus、Guillou 和 Ellero-Simatos，2016）。肠道微生物组和宿主对异生素的生物转化有着明显的不同，甚至相反。即使氧化和接合过程在宿主体内占主导地位，但还原和水解才是微生物组起作用的关键过程（Spanogiannopoulos 等，2016；Wilson 和 Nicholson，2017）。这种微生物活动与药理学和毒理学有关。微生物转化过程可激活前药、灭活药物，改变化学制品的药代动力学或毒代动力学、改变其生物利用度、增加或减少其生物活性、药效和毒性潜力（Claus、Guillou和Ellero Simatos，2016；Spanogiannopoulos等，2016；Weersma、Zhernakova和Fu，2020）。Zimmermann等人（2019）评估了人体肠道细菌代谢的微生物基因和药物产物。他们发现，在接受测试的271种人类口服药物中，约65%的药物会被该研究涵盖的76种细菌菌株中的至少一种所代谢。作者指出，微生物组是造成个体间药物反应差异的一个因素。

## 药物对微生物组的作用

药物通常有两个目标群体：①专门针对生物体（如致病细菌、病毒、真菌、寄生虫），影响它们的新陈代谢、蛋白质或其他成分；②针对宿主。在这两种情况下，微生物组都可能因接触药物而遭受"附带损害"（Zimmermann等，2021）。例如，Maier等人（2018）在生物体外筛选了1 000多种商业药物对40种人体肠道细菌菌株的影响。约78%的抗菌药物、53%的其他抗菌药剂和24%的人类靶向药物（包括所有治疗类别的化合物）抑制住了至少一种细菌菌株的生长。研究还发现，抗生素耐药菌株通常对人类靶向药物的耐药性更强，可能表明耐药机制存在重叠。除直接影响外，药物还可以通过改变环境条件间接影响微生物组，例如改变胃肠道pH、氧分压（$pO_2$）或促进肠道蠕动（Zimmermann等，2021）。

药物造成的具体影响多种多样，并取决于多种因素。抗菌药物对微生物组的影响不仅与药品剂量有关，而且受药物类型、治疗时间、活性谱、活性模式、药物代谢动力学和药效动力学以及产品配方（如糖浆还是片剂）的影响。药物不仅会改变微生物组的分类组成和多样性（表4-1和附录1）、基因表达、蛋白质活性、整体微生物代谢和功能，还会影响耐药基因的选择（Francino，2016）。因此，紊乱的微生物组可能会导致保护功能的改变（如定殖抗力）、关键代谢物的产生、机会共生致病菌的繁殖以及抗菌微生物的选择等。

Zimmermann和Curtis（2019）曾对抗菌药物的治疗剂量对人类肠道微生物组的影响进行过综述。作者仔细查阅了调查人类受试者粪便微生物群的研究，重点关注微生物群组成和多样性的变化、SFCA的产生以及抗菌药耐药性（附录1和附录2）。对现有科学文献进行系统分析后得出的一个结论是，抗菌药会导致有益共生菌数量的减少、致病菌数量的增加。不过，一些特定作用要依赖抗菌药才能产生。此外，抗生素治疗对人体肠道微生物群的影响与剂量有关，剂量越大，影响越明显（Zimmermann和Curtis，2019）。

表4-1　口服特定抗生素对胃肠道微生物群的影响

| | 氨苄西林 | 克林霉素 | 甲硝唑 | 新霉素 | 万古霉素 |
|---|---|---|---|---|---|
| 质谱 | 革兰氏阳性菌、革兰氏阴性菌、厌氧菌 | 革兰氏阳性菌、厌氧菌 | 厌氧菌 | 革兰氏阳性菌、革兰氏阴性菌、厌氧菌 | 革兰氏阳性菌、厌氧菌 |
| 肠道吸收程度 | 中（40%～60%） | 高（61%～100%） | 高（61%～100%） | 低 | 低 |
| 吸收位置 | 小肠 | 小肠 | 小肠 | — | — |
| 对微生物多样性的影响 | 长期改变 | 长期改变 | 短期改变 | 长期改变 | 长期改变 |

资料来源：改编自 Kim S、Covington A 和 Pamer E G，2017。肠道微生物群：抗生素、定殖耐药性和肠道病原体。免疫学综述，279（1）：90-105。https://doi.org/10.1111/imr.12563

　　使用抗生素治疗后，微生物群发生这种变化并非意料之外。但是，很难解释治疗期间微生物群的改变和停止治疗后微生物群组成的变化意味着什么，尤其是在没有症状的情况下更难解释清楚。每个个体生物都有能力将微生物群恢复到基线水平。Dethlefsen 和 Relman（2011）研究了环丙沙星对人类的影响，认为微生物群有可能恢复到另一种稳定状态，但后果未知。他们还认为，许多胃肠道微生物菌株的微生物群功能冗余可能是造成研究对象没有胃肠道症状的原因。

## 抗菌药的耐药性

　　因为药物会促进耐药细菌的选择，并增加抗生素耐药性基因的表达，从而可能导致抗生素耐药性，所以在人类和食品动物中使用抗生素引起了公众的关注（Kim、Covington 和 Pamer，2017；Maurice、Haiser 和 Turnbaugh，2013）。这促使世界卫生组织（WHO）（Aidara-Kane 等，2018；WHO，2015）和世界动物卫生组织（OIE，2020）等机构制定了国际、地区和国家级战略和监测计划，并发布了在人类和食品动物中如何正确使用抗生素的指南。此外，抗生素耐药性也是"同一健康"（One Health）计划的优先项目之一（McEwen 和 Collignon，2018）。

　　胃肠道（尤其是大肠）微生物密度高，因此极易发生遗传物质的转移。据报道，肠道微生物群的基因转移率比其他环境中高25倍（Smillie 等，2011）。此外，肠道微生物群描述为抗生素耐药性的储存库（Hu 和 Zhu，2016）。每天，胃肠道都会接触到来自外界环境和食物中的新细菌，这些细菌可能携带抗生素耐药性基因并有可能将其转移到肠道微生物群体中（Economou 和 Gousia，2015；Penders 等，2013）。

细菌对抗生素的易感性可以是先天的，也可以是后天的。在后一种情况下，抗生素的耐药性可以在最初获得（如突变），也可以通过转化、细菌接合或转导从其他细菌水平转移遗传物质（如质粒、整合子和转座子、整合性接合元件和基因组岛）获得（Cheng 等，2019；Hu、Gao 和 Zhu，2017）。尽管已知厚壁菌门、拟杆菌门、放线菌门是抗生素耐药性基因的载体，但这些基因却大量存在于变形菌门中，特别是大肠杆菌、绿脓杆菌、肺炎克雷伯菌、产酸克雷伯菌和阴沟肠杆菌（Hu 等，2016）。虽然一些研究指出噬菌体是抗生素耐药性基因的载体，但有证据表明，这些基因很少在噬菌体中编码（Enault 等，2017）。系统综述和元分析评估了在人类（Zimmermann 和 Curtis，2019）和食品动物（Nobrega 等，2021）中抗生素耐药性基因的现状和流行情况。Zimmermann 和 Curtis（2019）认为，接触抗生素不仅会导致微生物群的组成和多样性发生变化，还会导致抗生素耐药性特征增加。

虽然抗生素耐药性的产生是由于细菌接触了抗生素，但有证据表明，农业食品中使用的非抗菌物质（杀菌剂、防腐剂、铜和锌等重金属）也会导致抗生素耐药性产生，并可通过食物链传染给人类（Wales 和 Davies，2015）。

传统上，确定肠道微生物群抗生素耐药性的方法以选择性培养和分离特定微生物为基础，通常在指示性肠道细菌中进行，然后进行抗生素暴露（Penders 等，2013）。分子分析则是通过聚合酶链式反应（PCR）检测目标微生物的抗生素耐药性基因。二代测序技术的突破使得利用非培养的高通量分析对抗生素抗性组①进行整体分析成为可能，这种分析既可以利用能鉴定多个基因和基因家族的靶向 PCR，还可以利用整体宏基因组学。宏基因组学分析可用于研究与抗生素耐药性相关的质粒（质粒组②或移动基因组③）。如前所述，宏基因组分析依赖于宏基因组文库中的信息的丰富程度。

利用元基因组学对抗药性的研究正在迅速扩展，并因其优势而备受关注（Hendri Ksen 等，2019）。例如，通过研究耐药基因组，可以拓展当前有限的多重耐药定义④。对抗药性研究还为监测规划提供了一种整体方法。在生物信息学的支持下，可以确定抗生素耐药性基因在人群中的患病率和趋势、对抗生

---

① 抗性组：抗生素耐药性组目（Kim 和 Cha，2021）。

② 质粒组：特定环境中所有质粒物质（Walker，2012）。

③ 移动基因组：所有类型的移动遗传因子组合（Kim 和 Cha，2021）。

④ 多重耐药性是指对三种或三种以上抗菌药物中的至少一种药物不敏感（Magiorakos，2012）。

素和非抗生素化合物的共同耐药性、导致不同多重耐药模式的特定基因的共同携带、水平转移的可能性及其按来源的分布（Feng等，2018；Hendriksen等，2019）。此外，尽管机器学习仍在发展中，但将机器学习应用于基因组测序数据能够预测抗生素耐药性是易感还是耐药，并有可能预测抗生素的最低抑菌浓度（Boolchandani、D'Souza和Dantas，2019；Hendriksen等，2019）。监测和评估微生物组中抗生素耐药性的整体方法将与世界卫生组织抗生素耐药性行动计划（WHO，2015）中提出的建议相一致，即建立或改进监测抗生素使用的系统（Magouras，2017）。

## 药物引起的微生物组紊乱对健康的影响

目前关于药物-微生物-人类健康三者相互作用的大多数研究和知识主要来自临床环境中亚治疗或治疗药物的使用。此外，预计抗生素会对微生物种群产生重大影响，因此研究主要集中于抗生素的影响上（Dethlefsen和Relman，2011）。正如下文所述，目前对食品中兽药残留的长期影响研究不足。如前文所述，肠道微生物组在维持肠道稳态和发挥屏障功能方面有着重要作用。抗生素暴露造成肠道微生物组破坏，从而降低定殖抗性。失去保护会增加宿主对外部病原体或微生物群中机会性本土病原体过度生长引起的感染的易感性，例如艰难梭菌感染（Becattini、Taur和Pamer，2016；Francino，2016）。

©粮农组织/Dan White

尽管抗生素引起的微生物组紊乱与宿主体内短期和长期的生物效应相关，但其临床影响尚不清楚（Zimmermann 和 Curtis，2019）。抗生素与特应性（如哮喘、过敏）、炎症性（克罗恩病和炎症性肠病）和自身免疫性（如坏死性小肠结肠炎）疾病的风险增加有关（Zimmermann 和 Curtis，2019）。也有报道称，抗生素暴露引起的微生物组紊乱与代谢改变有关，增加了患代谢综合征、肥胖和 2 型糖尿病的风险（Francino，2016）。然而，需要进一步的研究证明因果关系并研究潜在机制。

肠道微生物组在生命早期的形成可能对生理过程和免疫系统的发展起着至关重要的作用，并对健康产生潜在长期影响（Salminen，2004）。婴儿期接触抗生素，尤其是间歇性接触抗生素，可能会增加患肥胖、糖尿病和心血管疾病等多种疾病的风险，并对以后生活产生长期影响（Queen、Zhang 和 Sears，2020；Singer-Englar、Barlow 和 Mathur，2019）。不同的啮齿类动物体内研究分析了早在受孕时就接触抗生素对幼崽的影响。例如，已经证实单独或联合使用万古霉素、链霉素、青霉素、大肠杆菌素、氨苄西林、泰乐菌素会扰乱微生物群，改变代谢和免疫系统，并增加肥胖和 1 型或 2 型糖尿病的风险（Candon，2015；Cho，2012；Cox，2014；Livanos，2016；Mahana，2016）。Li 等人（2017）认为，氟苯尼考和阿奇霉素可能导致儿童肥胖，原因是这些抗生素改变了小鼠体内的微生物组并促进脂肪合成。新生儿接触链霉素和万古霉素与过敏性哮喘易感性相关。在用抗生素（万古霉素、新霉素和氨苄西林）混合治疗的新生小鼠实验中，高风险的骨折和骨结构改变与微生物群-肠-骨轴的潜在破坏有关（Pusceddu 等，2019）。

# 第5章

# 兽药残留和微生物组研究

绝大多数旨在评估药物对人类肠道微生物组影响的研究都关注治疗剂量。虽然人类医学中使用的大多数抗生素也用作兽药，但有些抗生素仅用于人类，有些仅用于动物。药物对食用动物微生物组的影响不在本书的讨论范围之内。迄今为止，只有极少数研究评估了低浓度兽药残留对人类肠道微生物组的潜在影响。大多数研究在体外进行，而且只研究了有限的几种抗生素，其中包括恩诺沙星、环丙沙星、四环素、新霉素、红霉素、赛庚啶、替考拉米星、泰拉霉素。

## 体外研究

Carman研究小组在两项研究中用恒温发酵罐来评估氟喹诺酮类药物环丙沙星在人体肠道微生物群中的残留水平（Carman，2004；Carman和Woodburn，2001）。这两项研究都使用了健康人的粪便样本。在前一项研究中，微生物群分别暴露于每毫升0.43微克、4.3微克和43微克浓度的环丙沙星中7天，相当于人类每日摄入0.48毫克、4.8毫克和48毫克。使用不同选择性培养基中的细菌计数来评估微生物群。相关研究发现大肠杆菌的剂量依赖性计数，从最低浓度开始减少，中浓度和高浓度的环丙沙星可让脆弱拟杆菌数量减少。未观察到肠球菌计数和短链脂肪酸产生的变化。该研究在2004年晚些时候得到扩展和补充，浓度分别为0.1、0.43和5微克/毫升（Carman，2004）。最低剂量根据克杜古沙门菌的最低抑菌浓度值确定，用于评估定殖抗力。虽然在最低剂量下没有凯杜古沙门菌的定植，但中等剂量对其生长和计数的影响最为明显。作者推测，先前研究中观察到的环丙沙星对大肠杆菌计数的降低可能会导致克杜古沙门菌定殖。

Carman等人（2005）采用接种了人类粪便悬浮液的人类结肠生态系统恒温发酵罐模型来评估四环素、新霉素和红霉素的无观测效应水平（NOEL）。测试剂量与粪便中的抗生素浓度相对应，即每个体重60千克的人每日口服0、1.5毫克、15毫克和150毫克。四环素和新霉素的低剂量相当于美国食品和药物管理局推荐的每日允许摄入量，分别为体重60千克的人摄入1.5毫克和0.36

毫克，即《美国联邦法规》第21篇下第556.720部分和第556.430部分的规定。在厌氧培养基和特定培养基中计数微生物。其他得到评估的微生物参数包括短链脂肪酸产量、胆汁酸代谢和酶活性，以及对前哨细菌包括脆弱拟杆菌、大肠杆菌和肠球菌的抗菌性测试。实验观察到变化与剂量有关，但在最低浓度下变化并不显著。前哨细菌耐药性的增加有限，在四环素的最高剂量下，大肠杆菌的耐药性则明显增加。代谢活性的变化包括新霉素和红霉素的胆汁酸代谢减少，新霉素的丙酸代谢增加。根据这些研究，确定四环素和红霉素的无观测效应水平值为每人每日15毫克，新霉素为每人每日1.5毫克。

　　Hao等人（2013）在恒温箱生物反应器中用浓度分别为每毫升16微克、32微克和128微克的喹赛多（一种喹喔啉类药物）对健康捐献者的粪便进行了为期7天的处理。所选剂量根据初步研究确定，包括对四种主要细菌，即大肠杆菌、肠球菌、双歧杆菌和脆弱双歧杆菌的抗菌敏感性的测定研究。初步研究还包括对喹赛多代谢物的研究，但因为它们没有显示出抗菌活性，所以就没有在生物反应器中进行测试。喹赛多剂量影响着所选微生物群细菌，剂量低（16微克/毫升）时，没有影响；剂量越大，耐药大肠杆菌和肠球菌的数量越多。微生物短链脂肪酸不受喹赛多影响。用鼠伤寒沙门菌对定殖抗性进行评估，研究发现鼠伤寒沙门菌可在两种最高剂量下生长。分离出的大肠杆菌携带外排泵基因（*oqxAB*），该基因与抗生素耐药性有关。该研究作者使用低剂量（16微克/毫升），即无观测效应浓度（NOEC），得出的微生物日允许摄入量为每日1 552.03微克/千克。

　　同一研究小组还对磷酸替米考星（Hao，2015）和泰拉霉素（Hao，2016）进行了评估。大环内酯类药物替米考星在接种了汇集人类粪便的人大肠生态系统恒温培养箱模型中进行了为期7天的体外评估。实验浓度是基于欧洲药品管理局及联合国粮农组织和世界卫生组织的食品添加剂联合专家委员会规定的每日允许摄入量水平，分别为0.436微克/毫升和4.36微克/毫升。最高剂量为43.6微克/毫升，是最低剂量的100倍。在培养基中对部分细菌计数（如大肠杆菌、肠球菌、双歧杆菌和脆弱拟杆菌）进行了评估。

　　研究发现中剂量和高剂量增加了脆弱拟杆菌的数量，减少了肠球菌的数量。最低剂量对耐药肠球菌有明显影响，但对大肠杆菌没有影响。只有长期接触高剂量替米考星才会导致大环内酯耐药基因*ermB*上调。对短链脂肪酸也进行了评估，结果显示，即使使用最高剂量的抗生素，短链脂肪酸也没有发生明显变化。鉴于上述结果，该研究的作者对食品添加剂联合专家委员会和欧洲药品管理局建议的每日允许摄入量（分别为4.36微克/毫升和0.436微克/毫升）对人类微生物群的安全性提出了质疑。

　　后来，Hao的研究小组还评估了大环内酯类药物泰拉霉素（Hao，2016）。

同样，实验采用健康人群粪便作为微生物群来源，用于恒化器接种，暴露于抗生素7天后，另外7天不使用泰拉霉素，以评估鼠伤寒沙门菌的定殖耐药性。根据美国食品和药物管理局、欧洲药品管理局和澳大利亚农药和兽药管理局建议的每日允许摄入量（分别为每日每千克体重50微克、10.99微克和5微克）确定了使用的低剂量和中剂量（0.1微克/毫升、1微克/毫升和10微克/毫升）。该研究还包括100毫克/毫升的较高剂量。与前两项研究一样，泰拉霉素对微生物群的影响也是通过相同优势菌的存活细胞计数来评估的。根据兽药注册技术要求国际协调会VICH GL-36指南（VICH，2019），1微克/毫升及以下的浓度水平不会影响微生物群和短链脂肪酸的产生，并可用于推导最大容许日摄取量，即为每日每千克体重14.66微克的无观测不良效应浓度。结果表明，只有高浓度抗生素（100微克/毫升）才能破坏肠道微生物群的定殖抗性，并对耐药粪肠球菌产生正向选择。大多数分离出的粪肠球菌菌株都携带耐药基因 ermB（大环内酯-林可酰胺类-链霉亲和素耐药性）、可转移的转座子元件Tn1545以及毒力决定基因 esp（表面蛋白）、cylA（溶血素激活剂）和 ace（胶原结合蛋白）。其中一种高致病性菌株被鉴定为增加了水平转移的风险。

另一项体外研究在恒温生物反应器中进行，以评估恩诺沙星残留物每毫升1.25微克、12.5微克和125微克暴露在外8天对人类粪便微生物群的影响（Chen、Li和Wei，2014）。选定分离物的细菌计数和微生物多样性作为监测抗菌效果的参数，通过扩增16S rRNA基因的V3区域，再进行变性梯度凝胶电泳来评估多样性。观察到了选择性细菌计数的剂量-反应效应（仅在恩诺沙星浓度最低时影响双歧杆菌），而多样性在所有剂量下都发生了变化。暴露期结束，高剂量导致所有评估的细菌发生变化，大肠杆菌、需氧菌和厌氧菌的总数增加，乳酸杆菌、双歧杆菌、肠球菌和脆弱双球菌的数量减少。仅在最低浓度下双歧杆菌的数量减少，这似乎不足以解释微生物多样性的变化。

Perrin-Guyomard等人（2021）发现，由于该参数的变异性以及缺乏敏感性，总细菌计数对确定肠道微生物群的变化并无用处。Chen、Li和Wei（2014）还评估了恒温箱中细菌分离物对恩诺沙星代谢物环丙沙星在每毫升1、2、4微克及4、16、32微克的敏感性。结果表明，恩诺沙星浓度的增加会增强微生物对环丙沙星的耐药性；研究还对白色念珠菌的定殖抗性进行测试，结果表明恩诺沙星浓度越低或越高都会导致白色念珠菌的定殖抗性降低。但本研究未对其他微生物功能参数进行评估。

Kim等人（2012）也对恩诺沙星进行了评估，使用的剂量从低残留水平到治疗浓度分别是每毫升0.1微克、0.5微克、1微克、5微克、10微克、15微克、25微克、50微克和150微克，使用范围比前面三位研究者Chen、Li和Wei（2014）更广。此研究在厌氧培养条件下进行，时长只有18小时，并且使用了三个健康个体的粪便微生物群的非混悬液，因此与目前讨论的其他研究不同。对16S rRNA基因V3区域进行变性梯度凝胶电泳和焦磷酸测序评估，结果显示个体间差异和剂量依赖性影响了肠道微生物群的组成，其中剂量超过每毫升15微克时最为明显。总的来说，拟杆菌门和变形菌门的丰度减少，而厚壁菌门的丰度增加。作者承认很难估计体外观察到的微生物群破坏对健康的潜在影响。此外，出于食物加工的生物利用度、吸收和代谢作用等原因，恩诺沙星在体外模型中的实验浓度在结肠中会更低。本研究未对功能微生物参数进行评估。

Ahn等人（2012a）研究了每毫升0.06微克、0.1微克、1微克和5微克恩诺沙星对人类粪便悬浮液（25% w/V，在厌氧条件下培养24小时和48小时）和微生物代谢谱的影响。通过对乳杆菌属、双歧杆菌属、镰刀杆菌属和大肠杆菌特定细菌的存活计数和16S rRNA（V3）基因扩增片段测序来评估微生物群。在每毫升1微克恩诺沙星或更低剂量条件时，未观察到微生物群发生变化。作者怀疑，由于抗生素吸收粪便，肠道微生物群可利用的恩诺沙星的比例显著降低，而之前的研究表明，粪便中的恩诺沙星含量约为50%（Ahn等，2012b）。通过核磁共振波谱法进行的代谢组学研究，结合多变量统计分析，似乎比上述技术更敏感，在每毫升1微克恩诺沙星时差异显著，主要影响短链脂肪酸（如2-氧戊酸）、氨基酸（如亮氨酸、脯氨酸和苯丙氨酸）（Ahn等，2012a）。

Jung等人（2018）体外批量培养了三名健康人士的未混合粪便浆液，并对每毫升0.15微克、1.5微克、15微克和150微克的四环素进行了评估。最低剂量相当于美国食品和药物管理局的每日允许摄入量，即每日每千克体重25微克。通过评估16S rRNA基因的V1～V3区域显示，接触四环素会导致厚壁菌门/拟杆菌门比例的个体间差异和微生物群组成的轻微变化，而所有测试剂量都会影响乳杆菌属，梭状芽孢杆菌数量只在一个个体中升高。

在对照组和样本中检测到了四种抗性基因（tetO、Q、W、X），根据剂量和接触时间的长短，抗性基因会有不同程度的轻微增加。作者得出结论，四环素在最大容许日摄取量范围以及以内的情况下影响可能很小或很微弱。不过，由于个体间存在差异，类似的研究需要更多的粪便样本，以提高统计稳健性。在之前的一项研究中，研究小组表明，四环素会破坏体外上皮细胞（T84）的完整性，其效应起始浓度为1.5微克/毫升（Gokulan等，2017）。此外，他们还观察到标记细菌从顶端向基底区转移，这是肠道屏障破坏的迹象。

其他研究将健康捐献者的粪便作为起始材料，在选择性培养基中分离出特定细菌，以确定最低抑菌浓度。例如，Jeong等人（2009）分离了多种主要细菌（脆弱拟杆菌、其他拟杆菌属、镰刀菌属、双歧杆菌属、真杆菌属、梭状芽孢杆菌属、普氏球菌属、普氏链球菌属、肠球菌属、乳酸杆菌属和大肠杆菌各10株），以确定4种抗生素的无观测效应浓度和每日允许摄入量。根据最易感菌种数据，观察到的无观测效应浓度和日允许摄入量分别为：①环丙沙星为每日每毫升体重0.008微克和每千克体重0.15微克（最易感菌种：大肠杆菌）；②黄霉素为每日每毫升体重0.25微克和每千克体重1微克（最易感菌种：镰刀菌和乳酸杆菌）；③奥拉喹酮为每日每毫升体重0.125微克和每千克体重3微克/千克（最易感菌株：真杆菌属和梭杆菌属）；④硫酸黏菌素每日每毫升体重1.0微克和每千克体重7微克（最易感菌种：大肠杆菌）。

由于上述体外研究的性质，这些模型无法考虑与宿主的相互作用。这些研究中使用的模型为基本模型、批量培养模型和恒温培养模型。单独使用更复杂的体外生物反应器（如SHIME®或M-SHIME®）或将其与细胞培养器（如T84）结合使用，可以研究其他相关参数，因为尽管有局限性，但这些模型被设计用于模拟胃肠道的不同环境条件。消化道容积和通过时间、药物对肠道内容物的吸附以及药物的非生物或生物降解等因素都会影响正常体内条件下的药物浓度，从而影响微生物群暴露于这些化合物的程度。此外，大多数研究仍然依赖于传统的微生物学方法，如监测特定培养基中的细菌生长、活细胞计数，少数研究采用了基因测序等现代技术。微生物组的功能方面几乎仅限于对产生短链脂肪酸的研究。只有Ahn等人（2012a）使用代谢组学方法监测恩诺沙星对微生物组的影响。这些研究表明在兽药残留安全评估中缺乏对微生物组的整体考虑。

选择相关的抗生素浓度范围可以证明剂量-效应关系，从而确定无观测效应浓度或无观测效应水平。从这些研究中无法估计所评估的微生物群参数变化是否与生物相关。

此外，这些研究中使用的治疗期最长为8天，不适合模拟慢性暴露。从体外测试中获得的微生物组数据用于兽药残留风险评估所面临的挑战和局限性，将在下文"肠道微生物组在兽药评估中的潜在作用"一章中讨论。

## 体内研究

尽管本书的主要目的是关注兽药残留，但文献检索的一些结果也包括与临床背景和治疗或亚治疗剂量的使用有关的体内研究。由于查询不包括与人类医学相关的术语，因此本节讨论的参考文献数量并不全面。不过，我们仍将以这些研究为例，说明药物对肠道微生物组的影响及其对宿主健康的潜在影响。由于我们的重点是兽药残留，因此不包括对人类专用药物的研究。本节包括的所有体内研究都在啮齿动物模型（大鼠和小鼠）中进行。附录3（抗菌剂、糖皮质类固醇生产助剂）和附录4（杀虫剂）中包含体内研究汇总表。

## 抗菌剂

Perrin-Guyomard研究小组进行的两项研究评估了四环素（Perrin-Guyomard等，2001）和环丙沙星（Perrin-Guyomard等，2005）残留物在人类菌群相关小鼠模型中的影响。该模型由一个无菌小鼠品系组成，它接受了汇集的人类粪便微生物群的移植。由于人类和小鼠肠道的生理条件不同，因此必须监测人类粪便微生物群在小鼠胃肠道建立过程中可能发生的变化，一旦微生物群建立起来，抗生素就开始（在饮用水中自由地）暴露，这两项研究都评估了从粪便中分离的可培养细菌的变化、最低抑菌浓度、代谢参数（酶和短链脂肪酸）和屏障效应。在较早的研究中，Perrin-Guyomard等人（2001）对四环素进行了两次试验（实验时长分别为6周和8周），剂量分别为每升1毫克、10毫克和100毫克。低剂量相当于每日每千克0.125毫克，而高剂量约为人体治疗剂量的一半，大约为每日每千克24毫克。在两种较高剂量下，可观察到耐药菌（革兰氏阳性厌氧菌、脆弱拟杆菌、肠杆菌和肠球菌）的阳性选择，而在每升1毫克的剂量下，雌性小鼠也观察到类似的轻微和短暂影响。Perrin-Guyomard指出，将耐药菌的出现作为敏感终点具有有效性，只有在最高剂量下，沙门菌的定殖抗性才会受到影响。他还指出，抗药性是有用的，四环素不会改变代谢参数。四环素的无观测效应水平低于每升1毫克，相当于每日每千克体重0.125毫克。在第二次研究中，虽然治疗时间略短，为期5周，而且所有小鼠均为雌性（Perrin-Guyomard等，2005），但采用了相同的剂量（每千克0.125毫克、1.25毫克和12.5毫克）和终点来评估环丙沙星。在这种情况下，所有测试剂量都能减少需氧菌的数量，主要是肠杆菌科细菌，并在最高剂量时选择了耐药的脆弱拟杆菌。环丙沙星对伤寒沙门菌的定殖抗性有干扰作用。与之前的研究一样代谢参数在测试剂量下未受影响。环丙沙星的无观测效应水平低于每日每千克体重0.125毫克。在与人类菌群相关的大鼠模型——无菌大鼠中观察到类似的结果，该模型连续5周暴露于每日每千克体重0、0.25毫克、2.5毫克和25毫克的环丙沙星中（Perrin-Guyomard等，2006）。研究发现任何剂量的环丙沙星都会减少需氧菌的数量，只有最高浓度条件下才会减少肠杆菌科细菌、双歧杆菌的数量，并促使耐药的脆弱双歧杆菌选育出来。在最高剂量每千克25毫克时，观察到伤寒沙门菌定殖，停止实验后，微生物群的改变得到逆转。这些研究都没有监测与宿主有关的参数。

本节中的其他研究旨在临床环境中评估抗生素，而非与食品安全相关的抗菌剂残留。以下研究主要评估单一治疗剂量或亚治疗剂量，并包括宿主参数。这些研究主要在C57BL/6小鼠身上进行，但也使用了其他小鼠品系和大鼠。其中几项研究评估了早期接触抗生素作为患免疫和代谢疾病（如糖尿病和肥胖症）风险因素的影响，此外，该研究还调查了抗生素复合制剂，尤为关注艰难梭菌感染的发展。其他研究还评估了抗生素对定殖抗性的影响。

由于长期健康影响与早期接触抗生素有关，其中包括非传染性疾病的发展，一些研究评估了肠道微生物组在这类疾病发挥的潜在作用。研究人员使用NOD/ShiLtJ小鼠模型来评估早期连续接触每日每千克体重1毫克低剂量青霉素V或每日每千克体重50毫克间歇性治疗剂量酒石酸泰乐菌素与1型糖尿病发病之间可能存在的关系（Livanos等，2016）。高剂量的泰乐菌素会严重影响雄性小鼠的微生物群，消灭回肠和盲肠中的类杆菌、放线菌和双歧杆菌，并增加罹患1型糖尿病的风险，而低剂量青霉素V的微生物群组成与对照组没有差异。在对C57BL/6J小鼠进行的另一项研究中，以每日每千克体重1毫克的相同治疗剂量使用青霉素、万古霉素、青霉素加万古霉素或金霉素等几种抗生素，厚壁菌门和毛螺科菌华数量增加，并没有改变微生物数量（Cho等，2012）。抗生素暴露也会导致微生物组代谢活动的紊乱，如盲肠短链脂肪酸醋酸酯、丙酸酯和丁酸酯会大量增加。作者认为，这种增加可以解释在小鼠身上观察到的体脂诱发。此外，肝脏样本的基因组评估显示脂肪酸和脂质的代谢途径发生了改变。Cox等人（2014）发现，C57BL/6J小鼠早期暴露于每日每千克体重1毫克的青霉素30天，导致肠道微生物群的组成出现短暂改变，从而对乳酸杆菌、关节霉菌、文肯菌科和异杆菌属的相对丰度产生负面影响。这些微生物与回肠免疫标记物呈正相关，被作者认为可能会预防肥胖。Cox等人（2014）指出，虽然微生物群恢复了，但微生物带来的代谢反应和身体成分仍然存在。模型、暴露时间和年龄、样本（回肠、盲肠含量和粪便颗粒）的差异以及对微生物群的分析（如16S rRNA基因不同靶区）都会导致这些研究之间产生差异。与Cox等人（2014）一样，Mahana等人（2016）在一项研究中研究了微生物组与肥胖症的关系。这项研究中，从孕育到32周研究结束期间，C57BL/6小鼠接触的青霉素G剂量为6.8毫克/升，并从第13周开始为小鼠提供高脂肪饮食。本研究还显示，分节丝状菌和异杆菌呈正相关，身体成分与肥胖呈正相关，而不同的乳杆菌与人体胖瘦也呈正相关。青霉素治疗组出现肥胖增多、对胰岛素耐药的症状。Mahana等人（2016）总结得出，早期接触青霉素G后肠道微生物组发育迟缓，与2型糖尿病和非酒精性脂肪肝等晚期代谢紊乱的风险增加相关。

Hou等人（2019）评估了雄性C57BL/6小鼠从胚胎到7周期间使用相当于人体治疗剂量的强力霉素的反应（每天千克饮用水中15毫克），以及低剂量的反应（每天千克饮用水1毫克）。对16S rRNA基因V3和V4区域的测序显示，肠道微生物群的丰度降低，在属水平上发生变化，影响糖念珠菌、瘤胃球菌、幽门螺杆菌和厌氧菌，使用高剂量时影响更为明显。作者认为早期接触低剂量强力霉素会增加肥胖的风险。他们还指出，微生物群成分及其代谢活性的变化可能是早期接触强力霉素后宿主体重增加的原因。然而，他们并没有提供证据来证实这一假设。

C57BL/6小鼠连续5周接受1克/升的氨苄青霉素或红霉素治疗后，粪便样本中的微生物多样性减少（Bech-Nielsen等，2012）。抗生素暴露提高了葡萄糖代谢（氨苄青霉素改善了葡萄糖耐受性），这是因为肠道菌群发生改变，并且在肠道中没有显示出免疫学的改变。有迹象表明，早期接触某些抗生素导致葡萄糖耐受性提高，这可能与降低脂多糖（一种已被证明能促进胰岛素抵抗的细菌化合物）有关（Rune等，2013）。早期接触抗生素可能会增加断奶前期的肠道通透性，使脂多糖更高浓度进入血浆。这可能提高葡萄糖耐受性。如果晚年接触抗生素，葡萄糖耐受性并不会提高。因此，就像Rune等人（2013）假设的那样，通过减少或消除产生脂多糖的细菌，葡萄糖耐受性会提高。研究小组从小鼠出生起到17周断断续续给予C57BL/6NTac小鼠1克/升氨苄青霉素和高脂饮食。在接触氨苄青霉素期间，小鼠粪便微生物群受到干扰，小鼠的葡萄糖耐受性比对照组更高。在没有抗生素的情况下，微生物群的改变和葡萄糖耐量异常现象都消失了。非肥胖糖尿病小鼠（NOD）通过小胶质细胞从受孕到成年期间（共40周），长期接受万古霉素（0.2毫克/毫升）和各种广谱抗生素治疗（5毫克/毫升链霉素、1毫克/毫升黏菌素和1毫克/毫升氨苄青霉素）（Candon等，2015）。16S rRNA基因分析显示，使用抗生素混合物后，肠道微生物群发生极大变化，肠道微生物群几乎完全消失。万古霉素导致梭状芽孢杆菌科、毛螺杆菌科、普雷沃菌科和理研菌科含量下降，大肠埃希菌属、苏特氏菌和乳杆菌含量增加。早期接触这些抗生素会增加1型糖尿病的发病率。

早期接触抗生素也已被用于评估其对骨骼结构的影响。将万古霉素（0.5毫克/毫升）、新霉素（1毫克/毫升）和氨苄青霉（1毫克/毫升）混合在饮用水中喂养C57BL/6J母鼠，并连续16天通过灌养方式饲喂断奶前和断奶后的幼鼠（Pusceddu等，2019）。根据抗生素使用频率高、肠道吸收弱的特点选择使用抗生素。治疗组中微生物群丰度和多样性降低。在门的层面上，微生物群变化具有性别依赖性。在雄性群体中，厚壁菌门增加，但拟杆菌门和放线菌门消失不见了。而在雌性群体中，变形菌门和软壁菌门数量最多。在属的层面上，拟杆菌科和乳杆菌科的数量相对较少，类芽孢杆菌科和芽孢杆菌科的数量相对较多。治愈的小鼠无炎症、结肠渗透性增加。雄性小鼠骨骼结构特征减少，而雌性小鼠骨骼矿物质分布有所改变，骨折的风险高。作者只能推测出肠道微生物组对宿主变化的潜在作用。他们认为需要进一步研究了解肠道微生物组对骨骼健康、疾病的潜在影响。这样一项研究将有助于了解微生物群-肠-骨轴之间的关系（Sjögren等，2012）。

连续2周在饮用水中添加类似的抗生素混合物（万古霉素、氨苄西林、新霉素和甲硝唑）喂养成年C57B6小鼠，然后给予9周或11周的休药期，监测粪便颗粒中不同时间点的肠道真菌和细菌种群数量（Dollive等，2013）。本研究仅关注微生物群成分，未监测任何其他微生物功能变量或宿主参数。细菌种群的丰度最初比真菌群落多3～4个量级，但用抗生素治疗后减少了3个多量级。用抗生素治疗后，真菌数量激增，增加了40倍，成分发生了显著变化。治疗后细菌丰度恢复到治疗前水平，但细菌群落成分发生了一定变化。尽管恢复速度不同，大部分细菌群落已恢复到了原来水平。例如，毛螺杆菌科和梭状芽孢杆菌1周内恢复正常，但拟杆菌科在实验结束时仍未恢复。尽管研究结束时，念珠菌丰度比使用抗生素治疗前更高，但真菌群落也恢复正常。

C57BL/6小鼠连续3天口服抗生素混合物（0.4毫克/毫升卡那霉素、0.035毫克/毫升庆大霉素、850单位/毫升黏菌素、0.215毫克/毫升甲硝唑和0.045毫克/毫升万古霉素），或连续10天在饮用水中饲喂0.5毫克/毫升头孢哌酮后，以变形菌为主的小鼠肠道微生物群发生变化，丧失对艰难梭菌的定殖抗性，小鼠患有严重的结肠炎甚至直接死亡（Reeves等，2011）。在尝试使用艰难梭菌前，会给动物腹腔注射克林霉素。临床患病动物多有变形菌（主要是头孢哌酮群），表现为患有严重的结肠炎。虽然这些患病动物的微生物群接受治疗后会恢复，但其成分与基线不再相同。服用抗生素混合物的动物，临床上其微生物群成分保持良好（伴有轻症结肠炎），微生物群成分大致恢复到基线水平。和重症小鼠相比，这些动物的微生物群与对照组更相似，以厚壁菌门为主要门类。Jim、Wang和Sun（2016）为C57BL/c小鼠使用相同的抗生素混合物评估其对艰难梭菌的定殖抗性，但增加了另一个治疗组，同时服用抗生素混合物和地塞米松（每升饮用水添加100毫克）。这两种药物类型已被确定为艰难梭菌感染的危险因素。两种治疗方法都影响了粪便微生物群的多样性，乳杆菌属的相对丰度显著降低，副拟杆菌属的相对丰度增加。停止治疗后，两属的比例恢复。微生物多样性在治疗后几天内增加，但在同样使用地塞米松的治疗组中微生物多样性增长有所延迟。作者推测免疫抑制药物有抑制微生物群恢复的作用，这可能是艰难梭菌入侵后该组小鼠感染更为严重的原因。

O'Loughlin等人（2015）评估了经氨苄西林治疗的成年雌性CBA/J小鼠对空肠弯曲杆菌的定殖抗性（小鼠在接种前24和48小时口服0.2毫克）。接种空肠弯曲杆菌会导致定殖（从结肠、肠系膜淋巴结和脾脏恢复）。作者认为粪肠球菌是微生物群中抑制病原体定殖的一种主要菌种。治疗后，厚壁菌会减少，微生物群中拟杆菌增加，这种变化和空肠弯曲杆菌定殖抗性遭到破坏有关。作者还确定了所有未经治疗动物共有的"核心微生物群"成分（9属，包括梭菌属XIVa和梭菌属XVIII，毛螺旋菌属和罗氏菌属），或所有经氨苄西林治疗后动物共有的"核心微生物群"成分（5属，包括毛螺菌属、梭菌属XIVa和肠球菌属）。

　　C57BL/6实验幼鼠连续4周按照每天每千克5毫克的剂量使用氟苯尼考或阿奇霉素后，结肠微生物群丰度和多样性有所降低，厚壁菌门/拟杆菌门的比例有所增加（Li等，2017）。在两种抗生素治疗中，雄性小鼠的厚壁菌门均高于雌性。两种抗生素均降低了另枝菌属、脱硫弧菌属、毛螺旋菌属和理研菌属的相对丰度。然而，这两种抗生素也带来了特有的其他变化。氟苯尼考增加了疣微菌门的丰度，降低了脱铁杆菌门、克里斯滕森菌属、戈登氏菌属、厌氧棍状菌属的丰度，而阿奇霉素减少了拟杆菌门、变形菌门和乳杆菌属的丰度。两种抗生素均降低了短链脂肪酸和次级胆汁酸两种重要微生物代谢产物。这项研究只评估了小鼠的体重和体脂，结果显示治疗组小鼠和雄性小鼠体重和体脂偏高。根据研究发现可知，作者一致认为同时使用氟苯尼考和阿奇霉素的儿童有肥胖的风险。

　　另一项使用氟苯尼考的研究评估了1周每千克体重100毫克剂量下（相当于鸡所用的预防剂量），氟苯尼考对成年KM小鼠肠道屏障的影响（Yun等，2020）。结果显示，虽然微生物群多样性没有受到影响，但使用氟苯尼考会引起微生物群落成分发生变化，导致厚壁菌门的丰度相对降低。在属的层面上，乳杆菌属和异杆菌属减少，拟杆菌属、另枝菌属和拟普雷沃菌属增加。这些变化和严重的上皮损伤、维持紧密连接的蛋白质和维持肠道稳态的细胞因子的表现改变相关。这些发现都表明，肠道屏障功能有所下降，肠道免疫受损。

　　McCracken等人（2001）评估了在饮用水和不同饮食类型（标准与低残留，无纤维）中连续14天使用25毫克/升头孢西丁对C57BL/6NHsd小鼠粪便微生物群的影响。通过变性梯度凝胶电泳技术（PCR-DGGE），研究分析得出16S rRNA基因V3区域的微生物多样性和丰度没有变化。然而，抗生素改变了所有治疗组的微生物群成分。饮食本身对微生物群的影响更大，低纤维饮食比标准饮食的影响更明显。除此之外，没有评估小鼠及宿主的其他参数。

　　Zhang等（2018）评估了Sprague-Dawley大鼠模型中14天使用相对高剂量罗红霉素（每千克体重30毫克）。通过16S rRNA基因测序（V3～V4区）对小肠和盲肠的微生物群进行评估，发现盲肠微生物群的多样性降低。微生物群组成成分，特别是革兰氏阳性菌，在两个肠道部位都受到影响，双歧杆菌和梭菌的相对丰度下降。然而，也有针对特定地区的调查结果。盲肠中革兰氏阴性菌、拟杆菌和肠杆菌科的相对丰度增加，链球菌和普雷沃菌的相对丰度受到抑制。小肠中革兰氏阴性菌、革兰氏阳性菌及肠球菌相对丰度增加。结肠上皮细胞的基因表达分析显示，与细胞色素P450酶通路相关基因表达下调，这可能表明罗红霉素代谢减少和微生物群暴露时间延长。其他与免疫和愈合反应相关的基因也发生了改变，这可能会增加纤维化的风险。然而，无法证明基因表达的任何变化是由于宿主微生物群的改变还是罗红霉素的直接作用。

## 糖皮质激素和生产助剂

本节包含非抗菌药物评估相关的研究。连续7周每天按每千克体重用药0.01和0.05毫克的剂量为Wistar大鼠灌服，用以研究慢性糖皮质激素治疗对宿主生理和微生物群的潜在影响（Wu等，2018）。通过对16S rRNA基因V3～V4区进行测序来评估盲肠微生物群。结果表明，治疗后微生物丰度和多样性降低，其中厚壁菌门、拟杆菌门α-变形菌门、γ-变形菌门和放线菌门以及低阶梭菌门和乳杆菌门的丰度降低。同时，还在宿主中观察到结肠黏液分泌减少、抗菌肽基因表现增强的效果。另外，地塞米松还能延缓增重，减少摄入量，增加脂肪积累，改变昼夜节律、糖脂和能量代谢。

Javurek等人（2016）评估了F0和F1两代雄性和雌性加利福尼亚小鼠的炔雌醇。只有F0代小鼠在育种前2周（妊娠和哺乳阶段）开始至出生后第30天（断奶），每天在饲料中添加0.1微克/千克炔雌醇。与其他研究中使用的如C57BL/6小鼠相反，加利福尼亚小鼠是远系繁殖。此外，该小鼠是一夫一妻制和双亲制。作者表示，他们选择加利福尼亚小鼠模型是因为这类小鼠的所有特征与大多数人类社会特征相似。本研究通过16S rRNA（V4区）基因测序进行评估，专门研究粪便微生物群成分。接触炔雌醇后，微生物群成分发生了性别和代际依赖性变化。然而，对照组也同样表现出代际和性别相关变化。借助PICRUSt[①]微生物基因组功能预测工具和KEGG[②]代谢途径数据库，基于16S rRNA基因数据，预测了微生物功能，将属的相对丰度与其预测代谢功能联系起来。但作者表示他们无法将微生物群的变化与表型或分子改变联系起来，并讨论未来的研究中有必要测试几种激素剂量。

## 杀虫剂残留

兽药中用作杀虫剂的几种农药，最后可能成为肉、蛋、牛奶等动物源性食品的残留物（Dallegrave等，2018；LeDoux，2011）。本节内容已在粮农组织审查报告《食品安全视角下农药残留对肠道微生物组和人体健康的影响》中作了更详细的报告。调查结果摘要载于附录4的表中。

在体内和体外模型中评估了毒死蜱和溴氰菊酯对肠道微生物群的影响。毒死蜱已在SHIME生物反应器中进行了体外评估，或在15～30天内按照浓度为1毫克或3.5毫克/天与Caco-2/TC7细胞培养物联合使用（Joly等，2013；

---

① 通过未观察状态重建的群落系统发育研究。

② 京都基因与基因组百科全书 [KEGG] https://www.genome.jp/kegg/（于2022年7月25日访问）。

Joly Condette等，2015；Requile等，2018；Reygner等，2016a）。所有研究报告都显示，双歧杆菌和乳杆菌的相对丰度下降，而大多数研究观察到拟杆菌相对丰度增加。评估完Caco-TC7细胞培养中的发酵上清后（时长4小时），在体外用发酵罐评估了21毫克/毫升的溴氰菊酯（时长24小时）（Defois等，2018）。在这个评估中，并未对微生物群的组成进行评估，而是通过分析微生物挥发性代谢物组和宏转录组来评估其功能，结果显示存在功能失调的情况。细胞培养物接触毒死蜱或溴氰菊酯后会导致促炎反应（Defois等，2018；Requile等，2018）。毒死蜱也改变了黏膜屏障活性（Requile等，2018）。

虽然主要在Wistar大鼠身上评估毒死蜱，但C57BL/6小鼠和KM小鼠也被用作模型动物。不同研究在剂量、暴露时间、性别、年龄等多方面存在差异。这样设计是为处理宿主间存在相关的差异，如早期发育、内分泌功能、行为和代谢的差异。每千克体重每天剂量范围为0.3～5毫克，暴露时间为6～25周。所有研究都显示出，微生物群成分发生了变化。尽管不同的研究报告了受影响微生物组的差异，但大多数研究都与体外研究的结果一致，即拟杆菌相对丰度增加，双歧杆菌和乳杆菌的相对丰度减少。一些作者认为，毒死蜱可能导致宿主生态失调，这一潜在影响可能增加患炎症和增加糖尿病和肥胖等代谢性疾病（Fang等，2018；Liang等，2019；Reygner等，2016b）、肠道功能改变（Joly Condette等，2015；Zhao等，2016）、内分泌功能改变（Li等，2019）和神经系统疾病的风险（Li等，2019；Perez-Fernandez等，2020）。

©粮农组织/Giulio Napolitano

© 粮农组织/Giuseppe Bizzarri

# 第6章

# 肠道微生物组与健康影响

在上述所有的体内研究中，只有三个是旨在评估食品安全背景下的兽药残留四环素和环丙沙星，且由同一研究小组进行的（Perrin-Guyomard等，2001；Perrin-Guyomard等，2005；Perrin-Guyomard等，2006）。因此，研究评估了长期使用多种剂量的影响，包括高端的治疗水平，从而有可能显示对微生物群成分、耐药细菌种类选择和致病性沙门菌菌株对定殖屏障的破坏的剂量依赖效应。这些研究没有评估宿主参数，微生物代谢活性（短链脂肪酸和酶）略有变化或根本没有变化。其余的研究旨在回答临床问题，其中包括评估连续或间接使用一种或两种治疗剂量或亚治疗剂量的单个抗生素或混合抗生素。考虑到早期接触抗生素对肠道微生物组发育的影响以及对长期健康的影响，有大量关于该主题的研究并不意外。其中9项研究侧重评估早期接触抗菌剂对微生物群以及免疫/代谢变化的影响。这9项研究主要关注1型和2型糖尿病和肥胖症的发展（Bech-Nielsen等，2012；Candon等，2015；Cho等，2012；Cox等，2014；Hou等，2019；Livanos等，2016；Mahana等，2016；Pusceddu等，2019；Rune等，2013）。尽管大多数研究报告表示，微生物组或多或少发生极大改变，但研究中观察到对宿主的不良反应是推测得出，并没有阐明所涉及的机制。无论如何，研究作者表示，早期使用抗生素增加了患代谢性1型糖尿病（Candon等，2015；Livanos等，2016）、代谢紊乱（Mahana等，2016，在高脂肪饮食情况下）、肥胖（Hou等，2019）以及女性骨折的风险（Pusceddu等，2019）。然而，结果并不总是负面的。Rune等人（2013）观察到，使用高脂肪饮食的小鼠葡萄糖耐量有所改善，这表明细菌脂多糖减少可能是其一原因。

早期使用糖皮质激素、杀虫剂类非抗生素药物的影响也被进行了评估。长期口服地塞米松会降低微生物多样性和丰度，改变与能量代谢相关的宿主参数——尽管摄入减少，但脂肪积累增加。母鼠在妊娠期和哺乳期接触毒死蜱也会引起细菌紊乱和肠道屏障变化（Joly Condette等，2015），引起脂质失调和胰岛素失调，增加患糖尿病（Reygner等，2016b）及患运动认知功能障碍的风险（Guardia-Escote等，2020；Perez-Fernandez等，2020）。

其余评估抗生素的研究主要采用小鼠模型研究单剂量抗生素或抗生素混合物，从而解决不同的问题。出于这些原因，这些研究不能进行比较。Li 等人（2017）也在成年小鼠中报道了使用氟苯尼考或阿奇霉素抗生素治疗后有发生肥胖的风险。经证明，氟苯尼考还会改变空肠中的微生物群，损害肠道屏障和免疫功能（Yun 等，2020）。然而，这两项研究的作者尚未阐释微生物群的作用。Dollive 等人（2013）表明，广谱抗生素混合物使用后细菌种群减少可能会导致真菌共生菌过度生长。但是要想评估作者提出的因果关系，需要进一步展开研究。经广谱抗生素治疗后，尤其对易感患者来说，更容易发生念珠菌感染等真菌感染，从而导致肠道免疫反应受损（Drummond 等，2022）。短期使用抗生素治疗（鸡尾酒疗法或氨苄西林）改变微生物群可危及定殖耐药性并增加艰难梭菌感染（Kim、Wang 和 Sun，2016；Reeves 等，2011）和空肠弯曲杆菌感染的风险（O'Loughlin 等，2015）。某种程度上感染的严重程度受到个体微生物群成分（Reeves 等，2011）或抗生素与免疫抑制药物（地塞米松）联合治疗的影响（Kim、Wang 和 Sun，2016）。在所有评估病原体定殖的研究中，微生物群成分可以恢复到基线水平，即使恢复速度不同或者是在严重感染的情况下，也能恢复到不同的基线水平。

饮食的影响也是一个干扰因素，并且饮食影响比头孢西丁治疗对微生物群成分的影响更大（McCracken 等，2001）。虽然大多数研究评估的是粪便或盲肠微生物群，但Zhang 等人（2018）观察到在盲肠和小肠样品中罗红霉素对微生物群成分有不同影响。作者还报道了细胞色素P450酶在外源物质代谢过程中下调。这一发现一经证实就可以说明减少抗生素代谢可以增加微生物群对抗生素的暴露时间。

作者调查了杀虫剂毒死蜱的影响，并表明在啮齿动物中发现的微生物变化可能增加患糖尿病和肥胖等炎症和代谢性疾病（Fang 等，2018；Liang 等，2019；Reygner 等，2016b）、肠道功能改变（Joly Condette 等，2015；Zhao 等，2016）、内分泌功能改变（Li 等，2019）和神经系统疾病的风险（Li 等，2019）。

尽管许多此类研究报告称，通常在口服摄入剂量高于食物中含量的药物后，肠道微生物群会发生改变，并且对宿主产生影响，但仍需开展更多研究，以评估并确认肠道微生物组是否会调节饮食与宿主健康发展以及潜在的非传染性疾病之间的相互作用关系。

© 粮农组织/K.Purevraqchaa

© 粮农组织/Victor Sokolowicz

© 粮农组织/Manan Vatsyayana

# 第 7 章

# 微生物组在兽药残留
# 风险评估中的作用

基于保守风险评估的政策建议被提出，以尽力降低食品中兽药残留风险（Cerniglia、Pineiro 和 Kotarski，2016；Piñeiro 和 Cerniglia，2020）。风险评估一向需要着重关注毒理学。然而，由于药物也会影响肠道微生物组，进而可能影响肠道内稳态，因此在风险评估中应参考新的微生物数据。食品添加剂联合专家委员会（JECFA）采用逐步决策树法来确定微生物每日允许摄入量，如 VICH（2019）中的公式所示。第一个问题要确定该化合物是否对人类肠道微生物群中的代表性菌类具有微生物活性（代表性菌类，如大肠杆菌、拟杆菌属、双歧杆菌属、梭菌属、肠球菌属、真杆菌属、柯林斯菌属、梭杆菌属、乳杆菌属、消化链球菌属/消化球菌属）。要想明确结果，通常要进行最小抑菌浓度检测①。参考近期使用分子和宏基因组学方法进行的研究，目标细菌清单可扩展纳入更多相关微生物群成员（WHO，2018）。如果该化合物对上述列出的任一菌种有活性，那接下来就要回答残留物是否会进入结肠并保持微生物活性。如果药物残留没有到达结肠或者无微生物活性，则使用毒理学或药理学每日允许摄入量（ADI）。但如果该化合物对代表性细菌表现出抗菌活性，那么每日最大允许摄入量（mADI）将基于两个值得关注的终点来确定：定殖屏障的破坏②以及耐抗菌药物细菌数量的增加③。

首个研究终点是定殖屏障的破坏。该指标旨在评估兽药残留诱导细菌群落变化的风险，导致定殖抗性降低，为外源性病原体或条件性共生病原体在结

---

① MIC 的定义是经过过夜培养后能够抑制微生物可见生长的抗菌药物的最低浓度。它不同于最低杀菌浓度（MBCs），作为最低浓度的抗生素，将阻止细菌在无抗生素培养基上传代培养后的生长（Andrews，2001）。

② 定殖屏障是结肠正常微生物群的功能（VICH，2019）。

③ 耐药性被定义为"肠道中对试验药物或其他抗菌药物不敏感的细菌种群（S）的增加"（VICH，2019）。

肠定殖提供了一个机会窗口。这些数据可以从体外研究中获得，其研究的复杂性不同于细菌分离物（用于计算$MIC_{50}$）[1]，也不同于用于评估健康个体粪便培养细菌群的更复杂的系统（如生物反应器）。样本的微生物组成越接近肠道微生物群，测试系统就越稳健，最高无不良反应剂量（NOAEC）[2]就越合适越相关。数据也可以通过使用动物模型的体内实验获得。通过复杂的体外和体内系统，可以对耐药性病原体进行测试，以评估定殖抗力的破坏情况，并有助于监测细菌功能（如短链脂肪酸的产生）。

另一个体外模型是最小抑菌浓度的替代方法，用来计算可食用食物动物的抗菌药物的每日最大允许摄入量（mADI）。这个模型用于评估肠道微生物群的定殖抗性。该生物测定法测量药物的最小破坏浓度（MDC）[3]（Wagner、Johnson和Cerniglia，2008）。微生物群模型包括了33种必需和兼性细菌菌株的混合物（来源于美国型培养物收藏中心），这些菌株存在于回肠和结肠中。作者在比较基于MIC和MDC得出的每日允许摄入量时观察到了差异（兽药审评委员会－兽药注册技术要求国际协调会安全工作组，2004）。例如，使用MDC方法时，红霉素、林可霉素和泰乐菌素的每日允许摄入量较高，而使用MIC方法时，阿普拉霉素、杆菌肽、新霉素、诺氟沙星、青霉素G、链霉素、四环素和万古霉素的ADI较高。作者建议将这个模型与动物和生物反应器模型一起使用，来计算抗菌药物残留物的ADI。

第二个研究终点是使用体外或体内测试系统来评估，考虑了耐抗菌药物细菌数量可能增加的潜在问题。耐抗菌药物细菌数量的增多，原因可能是细菌获得了新的抗性机制；或者是在菌群中，原本对测试所用抗菌药物敏感度较低的微生物所占比例出现相对上升。

到目前为止，还没有报告将正常人类微生物群中耐抗菌药物细菌比例的变化与健康效应联系起来（VICH，2019）。虽然抗菌药物抵抗性的概念是在肠道微生物群的背景下定义的，但食品添加剂联合专家委员会（JECFA）审查的大多数研究只考虑了一种物种，即大肠杆菌（WHO，2018）。尽管在确定最大每日允许摄入量（mADI）的过程中假设较为保守（Anadón等，2018；Cerniglia、Pineiro和Kotarski，2016；VICH，2019），但有证据表明，抗生素的亚抑制浓度，低于最小抑菌浓度数百倍，具有选择抵抗性细菌和通过突变、重组、水平基因转移增加抗菌药物抵抗性的潜力（Andersson和Hughes，

[1] $MIC_{50}$是一种抗菌化合物的浓度，在该浓度下，相关属内50%的被测试分离株被抑制。

[2] NOAEC：在某一特定研究中未观察到造成任何影响的最高浓度。它是根据体外系统平均NOAEC的90%置信限推导出来的。

[3] MDC被定义为一种抗微生物药物的最低浓度，它可以破坏由模型人类肠道微生物群介导的针对沙门菌入侵Caco-2肠道细胞的定殖耐药性（Wagner、Johnson和Cerniglia，2008）。

2012；Andersson和Hughes，2014；Liu等，2011）。基于这些发现，Subirats等人（2019）评估了人类暴露于抗生素（基于最大残留限量、每日允许摄入量或食品中公布的浓度）不同类别（四环素、羟基四环素、环丙沙星、沙拉沙星、红霉素、螺旋霉素、泰米考星、泰乐菌素和林可霉素）是否可能超过最小选择浓度（MSC）[①]。基于几个假设，包括烹饪对药物的影响，他们得出结论：结肠中抗生素残留的估计浓度有可能会在肠道微生物群中筛选出耐药细菌，并建议对现行的每日允许摄入量（ADI）和最大残留限量（MRLs）进行修订。

通过将未观察到的不良反应水平（NOAEL）除以不确定性因素，可以从体内数据中推导出最大每日允许摄入量，不确定性因素将取决于化合物类别和与体内研究相关的其他因素（VICH，2019）。下面的公式用于从体外数据计算最大每日允许摄入量，该数据基于最高无不良反应剂量：

---

**体外数据mADI计算公式**

$$mADI = \frac{\text{不良反应水平} \times \text{结肠含量（500毫升/天）}}{\text{适用于微生物组的口服剂量比例} \times 60\text{千克/人}}$$

资料来源：VICH，2019。VICH GL36评价人类食品中兽药残留物安全性的研究：建立微生物学ADI的一般方法修订版2。https://www.ema.europa.eu/documents/scientific-guideline/vich-gl36r2-studies-evaluate-safety- residues-veterinary-drugs-human-food-general-approach-establish_ en.pdf

---

---

[①]　最低选择浓度：指抗生素浓度达到的最低水平，使耐药细菌在与敏感细菌的竞争中获得优势（Subirats、Domingues和Topp，2019）。

© 粮农组织/Ridvan Vahapo

# 第8章

# 肠道微生物组在兽药
# 评估中的潜力

应用风险评估来识别和管理风险是一种用来保护公共健康的工具。世卫组织/粮农组织目前使用这些工具评估不同化合物的风险，不同国家的政府部门在批准这些产品时同样也使用这些工具来评估风险。风险评估是基于对现有科学信息的评估，这是相当具有挑战性的。它必须处理新的研究领域（如微生物组）、用新技术获得的数据（如组学），以及使用不完整数据集所衍生的不确定性。风险评估和评估程序是动态变化的，随着科学的发展而发展。由于这些原因，随着新数据的出现，重新评估化合物是一种常见的做法。

组学革命得以让我们能够从整体的角度来解决微生物生态系统的问题。我们正开始确定大型微生物群落的组成，并解析微生物组与其生态系统之间复杂的相互作用。然而，必须认识到，由于组学技术相对较新且发展迅速，其在微生物组研究中的应用情况也是如此。此外，兽用药物残留所导致的微生物组紊乱在疾病发生或发展过程中所起的因果作用，要么尚未得到证实，要么未被充分理解。因此，微生物组在化学品安全性评估中的应用仍处于非常早期的阶段。相关原因将在本节中作进一步讨论。

## 从微生物分离物到微生物群

与其他复杂的体外或体内模型相比，最小抑菌浓度（MIC）的测定更易实施、成本效益更高，是确定代表性肠道个别细菌分离株对不同药物的敏感性最常用的体外测试。评估代表性具有挑战性。在物种层面上对肠道细菌进行筛选，可能不足以评估兽用药物残留的影响，因为有研究报告称药物代谢和药物敏感性是菌株特异性的特征（Koppel等，2018）。为此，兽药注册技术要求国际协调会议文件（VICH GL36）指南建议每个属（而非每个物种）包括10

个分离物（VICH，2019）。用于药物残留物评估的微生物群或细菌分离物应该来自健康个体，以避免由于不健康个体潜在的菌群失调而导致的基线微生物群偏差。此外，不健康个体可能接受过治疗，这也可能影响微生物群的组成和功能。肠道细菌分离物也可从公共收藏处获得，例如美国典型培养物保藏中心（ATCC）。然而，应进一步扩大收藏范围，以包括一些具有代表性饮食偏好（如素食者、严格素食者）、地理位置、族群、胃肠道位置等的物种，并包括罕见物种和菌株多样性（Zimmermann 等，2021）。考虑到该领域正在进行的各项工作，预计微生物菌种保藏库将继续扩充，纳入更多目前尚不为人知的菌株和物种。

一个关键问题是，在体内系统中，肠道微生物群能否反映出细菌分离物对药物的反应。目前，尚不清楚单独的细菌对药物的反应是否会有所不同，以及在胃肠道不同环境中存在肠道微生物群落的情况下，这种差异有多大（Zimmermann 等，2021）。有可能的是，在接触药物后，比如在药物发生转化之后，微生物群落会提供保护（如群体抗性）（Vega 和 Gore，2014）以及交叉敏感性[①]（Roemhild、Linkevicius 和 Andersson，2020），但这些都需要进一步研究。

微生物群可以从人体中自然获取，也可以进行组装（即"合成微生物组"），其成员明确且特征清晰，这些成员来自单个或多个捐赠者的单一或混合样本材料（Zimmermann 等，2021）。粪便可能无法完全代表胃肠道的微生物群，特别是小肠或黏膜相关微生物群，但它是最常见的微生物群来源（Klymiuk 等，2021；Sun 等，2021）。生物样本库和粪便库也可用，例如，美国马萨诸塞洲梅德福的粪便银行、加利福尼亚州马瑟的粪便银行、荷兰粪便捐赠库、MGP 或 HMGU 生物样本库（Ryan 等，2021）。此外，生态功能装配体（EcoFABs）这样的标准化人工合成微生物群落，已经被开发出来了（Zengler 等，2019）。微生物组样本的最优采集、保存和储存是微生物组分析中的具有挑战性的步骤，这些步骤可能影响结果的准确性。改变微生物组样本的完整性可能导致微生物组成部分丢失、功能代表性改变。

## 微生物组功能、胃肠位置与宿主影响

肠道微生物组与宿主之间存在共生（功能）关系，其功能是维持该关系的核心基础。因此，了解微生物群中存在哪些微生物以及它们的功能是非常重要的。仅关注微生物组落的组成和多样性的变化可能不足以预测微生物组的

---

① 交叉敏感性是指细菌对一种特定抗生素类别产生耐药性的同时，反而增加了对其他抗生素类的敏感性（Roemhild、Linkevicius 和 Andersson，2020）。

功能性改变（如代谢活动和抗生素抵抗库的改变）及其可能对宿主健康的潜在影响。

目前，对兽药残留物的微生物学评估主要集中在微生物群成员的变化上，对微生物组的功能方面关注有限。这也体现在许多评估兽药残留对肠道微生物组影响的研究中，缺乏功能性标记物这一情况。对沿着胃肠道不同环境条件的适应情况，决定了微生物群的组成和功能。

兽药残留评估的微生物终点仅限于胃肠道结肠段。尽管结肠微生物群更丰富、密集，并且相对更容易从粪便中采样，但不应完全忽视小肠的微生物群落。小肠的微生物群比结肠微生物群更具动态性、多样性、丰度更低（Kastl等，2020）。小肠会接触到一些无法到达结肠的药物，因为这些药物会在肠道的其他部位更早地被吸收。此外，尽管通过时间更短，许多药物在小肠中的浓度更高。

另一个与评估终点相关的问题是，这些终点并未考虑微生物组在宿主体内局部或全身层面可能产生的影响。然而，由于难以阐明和量化微生物组在宿主生理过程中实际所起的作用，目前要确定与微生物组相关的评估终点颇具挑战性。

## 值得关注的改变还是正常的微生物波动

围绕微生物组研究的另一个挑战是对变化及其生物学相关性的解释。微生物组对环境变化非常敏感，并且会迅速响应以适应新条件。比较困难的一点是确定微生物的改变对微生物组和宿主来说何时在生物学上具有相关性。衡量生物学上相关事件的维度也很重要。为了克服这些挑战，有必要：

> 定义一个健康的微生物组；
> 定义或阐明与微生物组相关的不良事件；
> 识别、开发并验证可测量的与微生物组相关的生物标志物，包括在评估药物对微生物组的影响时，确定动态预警阈值体系。

如本综述中包含的一些研究（Dollive，2013；Kim等，2016；Perrin-Guyomard等，2006；Reeves等，2011）所示，在治疗后增加清除期是评估改变为暂时性的（即微生物组完全或部分恢复到基线）还是永久性的重要步骤。

## 从关联到因果关系

评估药物对肠道微生物群和宿主的影响，以及两者之间潜在关系的研究，可以归为以下类别中的一种：

> 没有建立微生物群和宿主观察结果之间关联的研究。两者是分别独立并行研究的。

> 建立了微生物组紊乱与宿主改变之间的统计相关性的研究，但没有证明因果关系。

> 确定了因果关系的研究。

值得一提的是，仅有少数研究旨在建立因果关系（Fischbach，2018）。大多数将特定肠道细菌或微生物组与人类健康结果联系起来的科学工作都基于统计关联[1]。

一些研究建立了微生物失衡（如组成、多样性或功能）与宿主改变（如代谢）之间的统计相关性，其改变来自环境变化或对异源物质（如药物、农药、食品添加剂）的暴露。然而，关联并不能证明微生物组在宿主不良效应的发展中的参与或对无观察到效应的贡献。一个基本的限制是缺乏对微生物组与宿主相互作用机制的理解。然而，对药物改变的微生物组对健康效应作用的不确定性，并不排除药物暴露带来的风险。同样重要的是要注意，微生物组与宿主之间的关系是共生且双向的。这意味着暴露某种物质后，微生物组不仅可以调节宿主的活动，宿主也会影响微生物组的正常功能和结构。换句话说，肠道失调可能是由宿主的改变引起的。还需要考虑的另一种可能性是，微生物组和宿主同时发展出并行效应，而不是其中一个影响另一个的结果。

在两个复杂系统（如在特定环境中的微生物组和宿主）之间存在复杂相互作用的情况下，确定因果关系以及潜在机制是极具挑战性的。将经过改变的微生物群、正常微生物群或特定微生物群成员定殖于无菌小鼠中，已成为一种用于确认因果关系的方法。就定殖抗力而言，当通过添加单一细菌菌株、一组选定的细菌、一个复杂的微生物群落或者微生物群后，感染减轻了，就能证明其中的因果关系（Stecher，2021）。

尽管目前已有一些工具被用于评估兽用药物残留的影响和安全性（如上文所述），但当这些评估基于已确定的因果关系以及可靠的微生物组紊乱生物标志物时，其质量和准确性将会大大提高。

需要注意的是，围绕微生物组在人类健康与疾病中所起的作用存在大量的猜测，这或许是由于对科学发现的过度解读、科学知识的欠缺，或者是将"关联"这一概念错误地理解为已确定的因果关系。无论如何，这是一个敏感问题，当研究已发表的科学工作、健康相关报告和公众宣传时需要仔细斟酌。

---

[1] 关联是指两个变量之间的统计关系。

## 风险评估中的组学

研究微生物组的方法有很多。然而，由于缺乏方法学上的标准化和统一化，无法为可靠的风险评估提供所需的一致性。因此，目前将微生物组数据纳入兽药残留评估还颇具挑战。在对微生物组作为风险评估组成部分进行初步评估后，欧洲食品安全局（EFSA）得出结论，测序工具和多组学技术在将来用于化学风险评估之前，需要进一步优化和标准化（Merten等，2020）。

已经有人提出了使用组学数据进行风险评估的框架，例如基于有害结局路径（AOP）的框架（Piña等，2018）。有害结局路径概念起源于毒理学和生态毒理学，但可以扩展到其他领域。它指的是，从独特的分子触发因子（如药物作为特定生物分子）开始，逐步影响多个组织层次，并在生态系统或种群水平上产生影响的联系（Ankley等，2010）。有害结局路径框架在建立初始分子相互作用与真正不良结果之间的相关性方面非常有用，这对风险评估来说是相关的（Piña等，2018）。一些方案已经评估了高通量分子水平数据集如何支持使用有害结局路径框架的（化学）风险评估（Brockmeier等，2017）。

### 其他需要考虑的事项

在评估化学残留物，包括兽药的风险时，还需进一步考虑其他相关方面。在美国，大约51%的兽用药物也被批准用于人类医学，因此49%专门用于动物的药物最终可能会作为残留物存在于食品中（Scott等，2020），但在微生物组研究中，仅对其中少数几种药物进行了评估。需要进一步研究微生物组在药物的药代动力学和药效动力学中的影响，包括可能影响药物剂量和活性形式的微生物转化作用。由于它们可能影响危害特征和暴露评估，更好地理解这些微生物对药物的作用也将提高兽药残留物评估的准确性。

另一个需要更多讨论的领域是，将体内和体外与微生物组相关的研究结果外推至人类，以及评估当前方法的适用性。

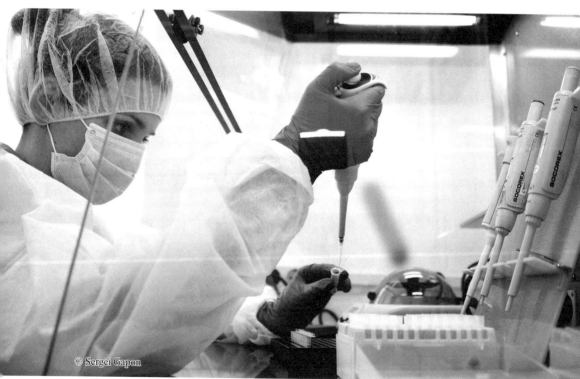

# 第9章

# 研究缺口与需求

大多数评估药物对人类肠道微生物组影响的研究都局限于临床背景、测试治疗相关剂量和治疗方案。这种情况不足以评估兽药残留对胃肠道微生物种群的影响，而评估该影响需要在远低于用于预防或治疗水平的剂量下进行长期接触实验。此外，评估兽药残留物安全性的实验研究限于体外模型，主要评估从粪便材料中分离的特定细菌，高度依赖培养和使用传统的微生物学及针对性的分析方法。在该领域对微生物组进行整体评估时应用组学的情况几乎不存在。此外，尽管对药物在微生物组方面影响的评估主要集中在分类组成和多样性上，但却很少考虑与宿主相互作用密切相关的微生物组功能。因此，到目前为止，微生物组作为一个复杂的功能实体，在评估兽药残留物中对其的考量非常有限。

微生物组的研究是复杂的，相关学科仍在发展中。在化学暴露背景下，为了更准确地了解微生物组在人类健康中的作用以及在监管活动中的适用性，需要解决一些普遍问题：

(1) 改进可重复性（模型、分析工具和统计方法）。

(2) 使用评估兽药残留物相关的剂量和治疗周期。

(3) 确定明确且无歧义地源自微生物组的表型或可测量生物标志物。

(4) 确定生物学相关性。

(5) 扩展纳入微生物组的其他成员（病毒、真菌等）。

(6) 确立因果关系及其方向（微生物组>宿主或宿主>微生物组）。

实现这些目标需要各方协作和多学科努力，以改进和优化研究活动，来评估兽药残留物对人类肠道微生物组及人类健康的影响。

以下是更详细的需求和有待改进的领域：

## 修订术语并制定共识性定义

(1) 应从分类和功能两个方面考虑健康微生物组和菌群失调的共识性定义。

（2）将术语现代化。"菌群（Flora）"一词原指植物界，如今已成为一个过时的术语。"微生物菌群（Microflora）"或"微生物区系（Microbial flora）"仍然被广泛使用，其起源于以往将细菌等生物体归类于植物界的分类方式。"微生物群（Microbiota）"是一个更现代的术语，应该取代"菌群"这一术语。

## 研究与方法论

为了提高检测的可重复性并实现不同研究结果之间的可比性，有必要做到以下两点：①对研究设计和分析方法进行统一和标准化；②制定或完善达成共识的指导意见以及最佳实践准则。应考虑以下方面：

（1）研究目标和设计。

①体外和体内研究应使用一定的剂量范围（例如，在残留浓度到治疗浓度之间的范围），这样才有可能绘制出剂量-反应曲线，并得出无观测效应浓度（NOEC）和无明显有害作用水平（NOAEL）。

②提供针对长期暴露的实验周期的建议。纵向研究还应在治疗前后监测微生物组。

③考虑多残留物监测计划中常见的药物组合的体内和体外研究。

④进行体内研究以确定因果关系和机制。

⑤进行体内研究以验证体外结果。

⑥研究应旨在确定微生物组扰动的生物学/毒理学相关性。

⑦提供选择评估兽药残留物最合适的体内和体外模型的建议。

⑧确定饲养条件以最小化环境因素和动物群体化带来的干扰和偏差。

⑨确定微生物群捐赠者的要求（如健康个体，在捐赠前数月未服用药物，年龄，地理位置和饮食），特别考虑混杂因素。

⑩指导确定样本大小（受试对象数量，如动物研究，粪便捐赠者数量）：每组的最小受试对象数量和每种处理的组数必须足以保证统计效力。考虑到微生物群组成存在高度的个体间差异，这一点尤为重要。

⑪采样：应考虑在研究的多个时间点监测微生物组，包括在治疗前进行采样以确定基线微生物群。在纵向研究中结合微生物组和宿主指标对评估微生物组落和微生物组-宿主互动的波动和趋势分析至关重要（如代谢组分析）。理想情况下，研究应包括治疗后的清除期，以评估生物学上相关的微生物组改变是暂时性还是永久性的。

⑫监测胃肠道不同部分（十二指肠、空肠、回肠、盲肠、结肠）的微生物组，以评估药物残留物的区域影响。

（2）分析方法。

①提供样品收集、处理和加工条件的建议。这些包括但不限于收集地点

（如粪便、盲肠、小肠；腔内或黏膜）、个体与混合微生物群样本、推荐稀释比、样品储存等。

②提供基因组材料提取和处理的指导。

③对选择16S rRNA（细菌）、18S rRNA基因或ITS（真菌）分析的区域和引物提出建议。

④提供关于测序和计算分析的指导。

⑤对选择数据库、数据处理工具和统计处理方法提出建议。

## 风险评估

（1）定义和验证与微生物组相关的生物标志物。

（2）对未与消化物和粪便物质结合且可供微生物群利用的药物量进行更准确的估算。

（3）当考虑微生物组时，评估现有的微生物学终点是否适用，或者是否需要定义和验证更合适的终点。

（4）评估小肠微生物组的潜在相关性。

（5）评估是否需要定义由微生物组引起的不良效应。

（6）确定因果关系和潜在机制。

（7）评估当前用于将体内和体外数据外推到人类背景的方法是否适用于与微生物组相关的数据。

（8）制定指南和评估框架，以协助风险评估人员评估源自微生物组和组学的数据。

# 第10章

# 结 语

　　关于兽药残留对肠道微生物组影响的研究颇为有限。仅有少数研究关注长期暴露于低浓度兽药残留所产生的影响，而且大多数研究是在体外开展的，高度依赖于对具有选择性或代表性的肠道细菌物种进行的传统培养方法。尽管组学分析方法已用于描述药物亚剂量或治疗剂量暴露后微生物组成分和功能的变化，但这些技术并未广泛用于评估残留水平的影响。鉴于用于评估兽药残留的体外研究的固有特性，很难评估肠道微生物群紊乱给人类健康以及非传染性疾病造成的潜在影响。此外，当前用于评估饮食中兽药残留安全性的微生物学指标，主要聚焦于评估这些物质对胃肠道屏障功能的影响，以及人类肠道微生物群中耐药性的发展情况。截至目前，除了胃肠道相关指标外，尚未设定其他方面的评估指标。此外，有关药物-微生物群-宿主之间生理病理相互作用的研究，大多仅揭示了它们之间的关联性，而未能明确其中的因果关系或作用机制。在大多数研究中，难以判断在接触药物后，微生物群的改变与宿主生理变化究竟是同时出现的并行效应，还是微生物群的变化引发了宿主内环境稳态的失衡，抑或是宿主对兽药残留的反应导致了微生物群的改变。因此，肠道微生物群对健康和疾病究竟有着怎样的实际影响，以及影响的程度如何，仍然是一个亟待解决的重要问题，需要开展更多的研究来深入探究。此外，开展更多的研究，对于深入了解兽药残留对人类肠道微生物群可能产生的长期负面影响，以及由此对人类健康造成的后续影响而言至关重要。

# 参考文献 | REFERENCES

**Abdelsalam, N.A., Ramadan, A.T., Elrakaiby, M.T. & Aziz, R.K.** 2020. Toxicomicrobiomics: The Human Microbiome vs. Pharmaceutical, Dietary, and Environmental Xenobiotics. *Frontiers in Pharmacology,* 11(390). https://doi.org/10.3389/fphar.2020.00390.

**Aguirre, M., Ramiro-Garcia, J., Koenen, M.E. & Venema, K.** 2014. To pool or not to pool? Impact of the use of individual and pooled fecal samples for in vitro fermentation studies. *Journal of Microbiological Methods,* 107: 1–7. https://doi.org/10.1016/j.mimet.2014.08.022.

**Ahn, Y., Jung, J.Y., Chung, Y.H., Chae, M., Jeon, C.O. & Cerniglia, C.E.** 2012a. In vitro analysis of the impact of enrofloxacin residues on the human intestinal microbiota using H-NMR spectroscopy. *Journal of Molecular Microbiology and Biotechnology,* 22(5): 317–325. https://doi.org/10.1159/000345147.

**Ahn, Y., Linder, S.W., Veach, B.T., Steve Yan, S., Haydée Fernández, A., Pineiro, S.A. & Cerniglia, C.E.** 2012b. In vitro enrofloxacin binding in human fecal slurries. *Regulatory Toxicology and Pharmacology,* 62(1): 74–84. https://doi.org/10.1016/j.yrtph.2011.11.013.

**Aidara-Kane, A., Angulo, F.J., Conly, J.M., Minato, Y., Silbergeld, E.K., Mcewen, S.A., Collignon, P.J., et al.** 2018. World Health Organization (WHO) guidelines on use of medically important antimicrobials in food-producing animals. *Antimicrobial Resistance & Infection Control,* 7(1): 7. https://doi.org/10.1186/s13756-017-0294-9.

**Allaband, C., Mcdonald, D., Vázquez-Baeza, Y., Minich, J.J., Tripathi, A., Brenner, D.A., Loomba, R., et al.** 2019. Microbiome 101: Studying, Analyzing, and Interpreting Gut Microbiome Data for Clinicians. *Clinical Gastroenterology and Hepatology,* 17(2): 218-230. https://doi.org/10.1016/j.cgh.2018.09.017.

**Almeida, A., Mitchell, A.L., Boland, M., Forster, S.C., Gloor, G.B., Tarkowska, A., Lawley, T.D. & Finn, R.D.** 2019. A new genomic blueprint of the human gut microbiota. *Nature,* 568(7753): 499-504. https://doi.org/10.1038/s41586-019-0965-1.

**Amato, K.R., Yeoman, C.J., Cerda, G., A. Schmitt, C., Cramer, J.D., Miller, M.E.B., Gomez, A., et al.** 2015. Variable responses of human and non-human primate gut microbiomes to a Western diet. *Microbiome,* 3(1): 53. https://doi.org/10.1186/s40168-015-0120-7.

**Anadón, A., Martínez-Larrañaga, M.R., Ares, I. & Martínez, M.A.** 2018. Chapter 7 - Regulatory Aspects for the Drugs and Chemicals Used in Food-Producing Animals in the European Union. In: Gupta, R.C., ed. *Veterinary Toxicology (Third Edition),* pp. 103–131. Academic Press. https://doi.org/10.1016/B978-0-12-811410-0.00007-6.

**Andersson, D.I. & Hughes, D.** 2012. Evolution of antibiotic resistance at non-lethal drug concentrations. *Drug Resistance Updates,* 15(3): 162-172. https://doi.org/10.1016/j.drup.2012.03.005.

**Andersson, D.I. & Hughes, D.** 2014. Microbiological effects of sublethal levels of antibiotics. *Nature Reviews Microbiology,* 12(7): 465–478. https://doi.org/10.1038/nrmicro3270.

**Ankley, G.T., Bennett, R.S., Erickson, R.J., Hoff, D.J., Hornung, M.W., Johnson, R.D., Mount, D.R., et al.** 2010. Adverse outcome pathways: A conceptual framework to support ecotoxicology research and risk assessment. *Environmental Toxicology and Chemistry,* 29(3): 730-741. https://doi.org/10.1002/etc.34.

**Arrieta, M-C., Stiemsma, L.T., Amenyogbe, N., Brown, E.M. & Finlay, B.** 2014. The Intestinal Microbiome in Early Life: Health and Disease. *Frontiers in Immunology,* 5(427). https://doi.org/10.3389/fimmu.2014.00427.

**Australian Department of Agriculture Water and Environment.** 2020. *Animal product residue monitoring. Random monitoring program results for 2019-20.* [Online]. Available: https://www.agriculture.gov.au/ag-farm-food/food/nrs/animal-residue-monitoring.

**Ayukekbong, J.A., Ntemgwa, M. & Atabe, A.N.** 2017. The threat of antimicrobial resistance in developing countries: causes and control strategies. *Antimicrobial Resistance & Infection Control,* 6(1): 47. https://doi.org/10.1186/s13756-017-0208-x.

**Bacanli, M. & Basaran, N.** 2019. Importance of antibiotic residues in animal food. *Food Chem Toxicol,* 125: 462-466. https://doi.org/10.1016/j.fct.2019.01.033.

**Bäckhed, F., Roswall, J., Peng, Y., Feng, Q., Jia, H., Kovatcheva-Datchary, P., Li, Y., et al.** 2015. Dynamics and Stabilization of the Human Gut Microbiome during the First Year of Life. *Cell Host & Microbe,* 17(5): 690–703. https://doi.org/10.1016/j.chom.2015.04.004.

**Becattini, S., Taur, Y. & Pamer, E.G.** 2016. Antibiotic-Induced Changes in the Intestinal Microbiota and Disease. *Trends in Molecular Medicine,* 22(6): 458–478. https://doi.org/10.1016/j.molmed.2016.04.003.

**Bech-Nielsen, G.V., Hansen, C.H.F., Hufeldt, M.R., Nielsen, D.S., Aasted, B., Vogensen, F.K., Midtvedt, T. & Hansen, A.K.** 2012. Manipulation of the gut microbiota in C57BL/6 mice changes glucose tolerance without affecting weight development and gut mucosal immunity. *Research in Veterinary Science,* 92(3): 501–508. https://doi.org/10.1016/j.rvsc.2011.04.005.

**Berg, G., Rybakova, D., Fischer, D., Cernava, T., Vergès, M-C.C., Charles, T., Chen, X., et al.** 2020. Microbiome definition re-visited: old concepts and new challenges. *Microbiome,* 8(1): 103. https://doi.org/10.1186/s40168-020-00875-0.

**Bharti, R. & Grimm, D.G.** 2021. Current challenges and best-practice protocols for microbiome analysis. *Briefings in Bioinformatics,* 22(1): 178–193. https://doi.org/10.1093/bib/bbz155.

**Bokulich, N.A., Ziemski, M., Robeson, M.S. & Kaehler, B.D.** 2020. Measuring the microbiome: Best practices for developing and benchmarking microbiomics methods. *Computational and Structural Biotechnology Journal,* 18: 4048–4062. https://doi.org/10.1016/j.csbj.2020.11.049.

**Boolchandani, M., D'souza, A.W. & Dantas, G.** 2019. Sequencing-based methods and resources to study antimicrobial resistance. *Nature Reviews Genetics,* 20(6): 356–370. https://doi.

org/10.1038/s41576-019-0108-4.

**Brockmeier, E.K., Hodges, G., Hutchinson, T.H., Butler, E., Hecker, M., Tollefsen, K.E., Garcia-Reyero, N., et al.** 2017. The Role of Omics in the Application of Adverse Outcome Pathways for Chemical Risk Assessment. *Toxicological Sciences,* 158(2): 252–262. https://doi.org/10.1093/toxsci/kfx097.

**Candon, S., Perez-Arroyo, A., Marquet, C., Valette, F., Foray, A-P., Pelletier, B., Milani, C., et al.** 2015. Antibiotics in Early Life Alter the Gut Microbiome and Increase Disease Incidence in a Spontaneous Mouse Model of Autoimmune Insulin-Dependent Diabetes. *PLOS ONE,* 10(5): e0125448. https://doi.org/10.1371/journal.pone.0125448.

**Cani, P.D. & Delzenne, N.M.** 2007. Gut microflora as a target for energy and metabolic homeostasis. *Current Opinion in Clinical Nutrition & Metabolic Care,* 10(6). https://doi.org/10.1097/MCO.0b013e3282efdebb.

**Carman, R.J., Simon, M.A., Fernández, H., Miller, M.A. & Bartholomew, M.J.** 2004. Ciprofloxacin at low levels disrupts colonization resistance of human fecal microflora growing in chemostats. *Regulatory Toxicology and Pharmacology,* 40(3): 319–326. https://doi.org/10.1016/j.yrtph.2004.08.005.

**Carman, R.J., Simon, M.A., Petzold, H.E., Wimmer, R.F., Batra, M.R., Fernández, A.H., Miller, M.A. & Bartholomew, M.** 2005. Antibiotics in the human food chain: Establishing no effect levels of tetracycline, neomycin, and erythromycin using a chemostat model of the human colonic microflora. *Regulatory Toxicology and Pharmacology,* 43(2): 168–180. https://doi.org/10.1016/j.yrtph.2005.06.005.

**Carman, R.J. & Woodburn, M.A.** 2001. Effects of Low Levels of Ciprofloxacin on a Chemostat Model of the Human Colonic Microflora. *Regulatory Toxicology and Pharmacology,* 33(3): 276–284. https://doi.org/10.1006/rtph.2001.1473.

**Cerniglia, C.E., Pineiro, S.A. & Kotarski, S.F.** 2016. An update discussion on the current assessment of the safety of veterinary antimicrobial drug residues in food with regard to their impact on the human intestinal microbiome. *Drug Testing and Analysis,* 8(5–6): 539–548. https://doi.org/10.1002/dta.2024.

**Chen, J., Ying, G-G. & Deng, W-J.** 2019. Antibiotic Residues in Food: Extraction, Analysis, and Human Health Concerns. *Journal of Agricultural and Food Chemistry,* 67(27): 7569–7586. https://doi.org/10.1021/acs.jafc.9b01334.

**Chen, T., Li, S. & Wei, H.** 2014. Antibiotic Resistance Capability of Cultured Human Colonic Microbiota Growing in a Chemostat Model. *Applied Biochemistry and Biotechnology,* 173(3): 765-774. https://doi.org/10.1007/s12010-014-0882-6.

**Cheng, G., Ning, J., Ahmed, S., Huang, J., Ullah, R., An, B., Hao, H., et al.** 2019. Selection and dissemination of antimicrobial resistance in agri-food production. *Antimicrobial Resistance & Infection Control,* 8(1). https://doi.org/10.1186/s13756-019-0623-2.

**Cho, I., Yamanishi, S., Cox, L., Methé, B.A., Zavadil, J., Li, K., Gao, Z., et al.** 2012. Antibiotics in early life alter the murine colonic microbiome and adiposity. *Nature,* 488(7413): 621–626. https://doi.org/10.1038/nature11400.

**Clarke, G., Sandhu, K.V., Griffin, B.T., Dinan, T.G., Cryan, J.F. & Hyland, N.P.** 2019. Gut Reactions: Breaking Down Xenobiotic–Microbiome Interactions. *Pharmacological Reviews,* 71(2): 198. https://doi.org/10.1124/pr.118.015768.

**Claus, S.P., Guillou, H. & Ellero-Simatos, S.** 2016. The gut microbiota: a major player in the toxicity of environmental pollutants? *npj Biofilms and Microbiomes,* 2(1): 16003. https://doi.org/10.1038/npjbiofilms.2016.3.

**Codex Alimentarius** 2018a. Procedural Manual of the Codex Alimentarius Commission 26th edition. http://www.fao.org/3/i8608en/I8608EN.pdf.

**Codex Alimentarius**. 2018b. Codex Veterinary Drug Residue in Food Online Database. In: *Codex Alimentarius*. Rome. Cited September 2019. http://www.fao.org/fao-who-codexalimentarius/codex-texts/dbs/vetdrugs/en/.

**Cox, L.M., Yamanishi, S., Sohn, J., Alekseyenko, A.V., Leung, J.M., Cho, I., Kim, S.G., et al.** 2014. Altering the Intestinal Microbiota during a Critical Developmental Window Has Lasting Metabolic Consequences. *Cell,* 158(4): 705–721. https://doi.org/10.1016/j.cell.2014.05.052.

**Cvmp-Vich Safety Working Group** 2004. Studies to evaluate the safety of residues of veterinary drugs in human food: general approach to establish a microbiological ADI. Topic GL36. Report CVMP/VICH/467/03-FINAL. CVMP-VICH Safety Working Group. London.

**Dallegrave, A., Pizzolato, T.M., Barreto, F., Bica, V.C., Eljarrat, E. & Barceló, D.** 2018. Residue of insecticides in foodstuff and dietary exposure assessment of Brazilian citizens. *Food and Chemical Toxicology,* 115: 329–335. https://doi.org/10.1016/j.fct.2018.03.028.

**Defois, C., Ratel, J., Garrait, G., Denis, S., Le Goff, O., Talvas, J., Mosoni, P., Engel, E. & Peyret, P.** 2018. Food Chemicals Disrupt Human Gut Microbiota Activity And Impact Intestinal Homeostasis as Revealed by In Vitro Systems. *Sci Rep,* 8(1): 11006. https://doi.org/10.1038/s41598-018-29376-9.

**Dethlefsen, L. & Relman, D. A.** 2011. Incomplete recovery and individualized responses of the human distal gut microbiota to repeated antibiotic perturbation. *Proceedings of the National Academy of Sciences,* 108(Supplement 1): 4554. https://doi.org/10.1073/pnas.1000087107.

**Dollive, S., Chen, Y-Y., Grunberg, S., Bittinger, K., Hoffmann, C., Vandivier, L., Cuff, C., et al.** 2013. Fungi of the Murine Gut: Episodic Variation and Proliferation during Antibiotic Treatment. *PLOS ONE,* 8(8): e71806. https://doi.org/10.1371/journal.pone.0071806.

**Drummond, R.A., Desai, J.V., Ricotta, E.E., Swamydas, M., Deming, C., Conlan, S., Quinones, M., et al.** 2022. Long-term antibiotic exposure promotes mortality after systemic fungal infection by driving lymphocyte dysfunction and systemic escape of commensal bacteria. *Cell Host & Microbe,* 30(7): 1020-1033.e6. https://doi.org/10.1016/j.chom.2022.04.013.

**Durack, J. & Lynch, S.V.** 2018. The gut microbiome: Relationships with disease and opportunities for therapy. *Journal of Experimental Medicine,* 216(1): 20–40. https://doi.org/10.1084/jem.20180448.

**Economou, V. & Gousia, P.** 2015. Agriculture and food animals as a source of antimicrobialresistant bacteria. *Infection and drug resistance*, 8: 49–61. https://doi.org/10.2147/IDR.S55778.

**EFSA (European Food Safety Authority).** 2021. Report for 2019 on the results from the monitoring of veterinary medicinal product residues and other substances in live animals and animal products. *EFSA Supporting Publications*, 18(3): 1997E. https://www.efsa.europa.eu/en/supporting/pub/en-1997.

**Enault, F., Briet, A., Bouteille, L., Roux, S., Sullivan, M.B. & Petit, M-A.** 2017. Phages rarely encode antibiotic resistance genes: a cautionary tale for virome analyses. *The ISME Journal*, 11(1): 237–247. https://doi.org/10.1038/ismej.2016.90.

**Fang, B., Li, J. W., Zhang, M., Ren, F.Z. & Pang, G.F.** 2018. Chronic chlorpyrifos exposure elicits diet-specific effects on metabolism and the gut microbiome in rats. *Food Chem Toxicol*, 111: 144–152. https://doi.org/10.1016/j.fct.2017.11.001.

**Feng, J., Li, B., Jiang, X., Yang, Y., Wells, G.F., Zhang, T. & Li, X.** 2018. Antibiotic resistome in a large-scale healthy human gut microbiota deciphered by metagenomic and network analyses. *Environmental Microbiology*, 20(1): 355–368. https://doi.org/10.1111/1462-2920.14009.

**Fischbach, M.A.** 2018. Microbiome: Focus on Causation and Mechanism. *Cell*, 174(4): 785–790. https://doi.org/10.1016/j.cell.2018.07.038.

**Flemer, B., Gaci, N., Borrel, G., Sanderson, I.R., Chaudhary, P.P., Tottey, W., O'toole, P.W. & Brugere, J.F.** 2017. Fecal microbiota variation across the lifespan of the healthy laboratory rat. *Gut Microbes*, 8(5): 428–439. https://doi.org/10.1080/19490976.2017.1334033.

**Francino, M.P.** 2016. Antibiotics and the Human Gut Microbiome: Dysbioses and Accumulation of Resistances. *Frontiers in Microbiology*, 6(1543). https://doi.org/10.3389/fmicb.2015.01543.

**Fritz, J.V., Desai, M.S., Shah, P., Schneider, J.G. & Wilmes, P.** 2013. From meta-omics to causality: experimental models for human microbiome research. *Microbiome*, 1(1): 14. https://doi.org/10.1186/2049-2618-1-14.

**Galloway-Pena, J. & Hanson, B.** 2020. Tools for Analysis of the Microbiome. *Dig Dis Sci*, 65(3): 674–685. https://doi.org/10.1007/s10620-020-06091-y.

**Godzien, J., Gil De La Fuente, A., Otero, A. & Barbas, C.** 2018. Chapter Fifteen - Metabolite Annotation and Identification. In Jaumot, J., Bedia, C. & Tauler, R., eds. *Comprehensive Analytical Chemistry*, pp. 415–445. Elsevier. https://doi.org/10.1016/bs.coac.2018.07.004.

**Gokulan, K., Cerniglia, C.E., Thomas, C., Pineiro, S.A. & Khare, S.** 2017. Effects of residual levels of tetracycline on the barrier functions of human intestinal epithelial cells. *Food and Chemical Toxicology*, 109: 253–263. https://doi.org/10.1016/j.fct.2017.09.004.

**Gutierrez, M.W., Van Tilburg Bernardes, E., Changirwa, D., Mcdonald, B. & Arrieta, M.-C.** 2022. "Molding" immunity—modulation of mucosal and systemic immunity by the intestinal mycobiome in health and disease. *Mucosal Immunology*, 15(4): 573-583. https://doi.org/10.1038/s41385-022-00515-w.

**Guzman-Rodriguez, M., Mcdonald, J.A.K., Hyde, R., Allen-Vercoe, E., Claud, E.C., Sheth, P.M. & Petrof, E.O.** 2018. Using bioreactors to study the effects of drugs on the human microbiota. *Methods,* 149: 31–41. https://doi.org/10.1016/j.ymeth.2018.08.003.

Hao, H., Guo, W., Iqbal, Z., Cheng, G., Wang, X., Dai, M., Huang, L., et al. 2013. Impact of cyadox on human colonic microflora in chemostat models. *Regulatory Toxicology and Pharmacology,* 67(3): 335–343. https://doi.org/10.1016/j.yrtph.2013.08.011.

Hao, H., Yao, J., Wu, Q., Wei, Y., Dai, M., Iqbal, Z., Wang, X., et al. 2015. Microbiological toxicity of tilmicosin on human colonic microflora in chemostats. *Regulatory Toxicology and Pharmacology,* 73(1): 201–208. https://doi.org/10.1016/j.yrtph.2015.07.008.

Hao, H., Zhou, S., Cheng, G., Dai, M., Wang, X., Liu, Z., Wang, Y. & Yuan, Z. 2016. Effect of Tulathromycin on Colonization Resistance, Antimicrobial Resistance, and Virulence of Human Gut Microbiota in Chemostats. *Frontiers in Microbiology,* 7(477). https://doi.org/10.3389/fmicb.2016.00477.

Hendriksen, R.S., Bortolaia, V., Tate, H., Tyson, G.H., Aarestrup, F.M. & Mcdermott, P.F. 2019. Using Genomics to Track Global Antimicrobial Resistance. *Frontiers in Public Health,* 7(242). https://doi.org/10.3389/fpubh.2019.00242.

Hoffmann, A.R., Proctor, L.M., Surette, M.G. & Suchodolski, J.S. 2015. The Microbiome: The Trillions of Microorganisms That Maintain Health and Cause Disease in Humans and Companion Animals. *Veterinary Pathology,* 53(1): 10–21. https://doi.org/10.1177/0300985815595517.

Hooks, K.B. & O'Malley, M.A. 2017. Dysbiosis and Its Discontents. *mBio,* 8(5): e01492–17. https://doi.org/10.1128/mBio.01492-17.

Hou, X., Zhu, L., Zhang, X., Zhang, L., Bao, H., Tang, M., Wei, R. & Wang, R. 2019. Testosterone disruptor effect and gut microbiome perturbation in mice: Early life exposure to doxycycline. *Chemosphere,* 222: 722–731. https://doi.org/10.1016/j.chemosphere.2019.01.101.

Houshyar, Y., Massimino, L., Lamparelli, L.A., Danese, S. & Ungaro, F. 2021. Going Beyond Bacteria: Uncovering the Role of Archaeome and Mycobiome in Inflammatory Bowel Disease. *Frontiers in Physiology,* 12. https://doi.org/10.3389/fphys.2021.783295.

Hu, Y., Gao, G. F. & Zhu, B. 2017. The antibiotic resistome: gene flow in environments, animals and human beings. *Frontiers of Medicine,* 11(2): 161–168. https://doi.org/10.1007/s11684-017-0531-x.

Hu, Y., Yang, X., Li, J., Lv, N., Liu, F., Wu, J., Lin, I.Y.C., et al. 2016. The Bacterial Mobile Resistome Transfer Network Connecting the Animal and Human Microbiomes. *Applied and Environmental Microbiology,* 82(22): 6672. https://doi.org/10.1128/AEM.01802-16.

Hu, Y. & Zhu, B. 2016. The human gut antibiotic resistome in the metagenomic era: progress and perspectives. *Infectious Diseases and Translational Medicine,* 2(1): 41–47. https://www.scienceopen.com/document_file/b56dbace-81ed-4a93-9935-18e8c7a97136/API/2411-2917-02-01-107.pdf.

Human Microbiome Project Consortium. 2012. Structure, function and diversity of the healthy human microbiome. *Nature,* 486(7402): 207–14. https://doi.org/10.1038/nature11234.

**Iliev, I.D. & Leonardi, I.** 2017. Fungal dysbiosis: immunity and interactions at mucosal barriers. *Nature Reviews Immunology,* 17(10): 635-646. https://doi.org/10.1038/nri.2017.55.

**Jalili-Firoozinezhad, S., Gazzaniga, F.S., Calamari, E.L., Camacho, D.M., Fadel, C.W., Bein, A., Swenor, B., et al.** 2019. A complex human gut microbiome cultured in an anaerobic intestine-on-a-chip. Nature Biomedical Engineering, 3(7): 520-531. https://doi.org/10.1038/s41551-019-0397-0.

**Javurek, A.B., Spollen, W.G., Johnson, S.A., Bivens, N.J., Bromert, K.H., Givan, S.A. & Rosenfeld, C.S.** 2016. Effects of exposure to bisphenol A and ethinyl estradiol on the gut microbiota of parents and their offspring in a rodent model. *Gut Microbes,* 7(6): 471–485. https://doi.org/10.1080/19490976.2016.1234657.

**Jeong, S.H., Song, Y.K. & Cho, J.H.** 2009. Risk assessment of ciprofloxacin, flavomycin, olaquindox and colistin sulfate based on microbiological impact on human gut biota. *Regulatory Toxicology and Pharmacology,* 53(3): 209–216. https://doi.org/10.1016/j.yrtph.2009.01.004.

**Joly, C., Gay-Queheillard, J., Leke, A., Chardon, K., Delanaud, S., Bach, V. & Khorsi-Cauet, H.** 2013. Impact of chronic exposure to low doses of chlorpyrifos on the intestinal microbiota in the Simulator of the Human Intestinal Microbial Ecosystem (SHIME) and in the rat. *Environmental Science and Pollution Research,* 20(5): 2726-34. https://doi.org/10.1007/s11356-012-1283-4.

**Joly Condette, C., Bach, V., Mayeur, C., Gay-Queheillard, J. & Khorsi-Cauet, H.** 2015. Chlorpyrifos Exposure During Perinatal Period Affects Intestinal Microbiota Associated With Delay of Maturation of Digestive Tract in Rats. *Journal of Pediatric Gastroenterology and Nutrition,* 61(1): 30–40. https://doi.org/10.1097/MPG.0000000000000734.

**Jovel, J., Patterson, J., Wang, W., Hotte, N., O'keefe, S., Mitchel, T., Perry, T., et al.** 2016. Characterization of the Gut Microbiome Using 16S or Shotgun Metagenomics. *Frontiers in Microbiology,* 7. https://doi.org/10.3389/fmicb.2016.00459.

**Jung, J.Y., Ahn, Y., Khare, S., Gokulan, K., Pineiro, S.A. & Cerniglia, C.E.** 2018. An *in vitro* study to assess the impact of tetracycline on the human intestinal microbiome. *Anaerobe,* 49: 85–94. https://doi.org/10.1016/j.anaerobe.2017.12.011.

**Kamareddine, L., Najjar, H., Sohail, M.U., Abdulkader, H. & Al-Asmakh, M.** 2020. The Microbiota and Gut-Related Disorders: Insights from Animal Models. *Cells,* 9(11). https://doi.org/10.3390/cells9112401.

**Kastl, A.J., Jr., Terry, N.A., Wu, G.D. & Albenberg, L.G.** 2020. The Structure and Function of the Human Small Intestinal Microbiota: Current Understanding and Future Directions. *Cellular and Molecular Gastroenterology and Hepatology,* 9(1): 33–45. https://doi.org/10.1016/j.jcmgh.2019.07.006.

**Kennedy, E.A., King, K.Y. & Baldridge, M.T.** 2018. Mouse Microbiota Models: Comparing Germ-Free Mice and Antibiotics Treatment as Tools for Modifying Gut Bacteria. *Frontiers in Physiology,* 9(1534). https://doi.org/10.3389/fphys.2018.01534.

**Kennedy, M.S. & Chang, E.B.** 2020. Chapter One - The microbiome: Composition and locations. In: Kasselman, L.J., ed. *Progress in Molecular Biology and Translational Science*, pp. 1–42. Academic Press. https://doi.org/10.1016/bs.pmbts.2020.08.013.

**Kim, D.-W. & Cha, C.-J.** 2021. Antibiotic resistome from the One-Health perspective: understanding and controlling antimicrobial resistance transmission. *Experimental & Molecular Medicine*, 53(3): 301-309. https://doi.org/10.1038/s12276-021-00569-z.

**Kim, B.S., Kim, J.N., Yoon, S.H., Chun, J. & Cerniglia, C.E.** 2012. Impact of enrofloxacin on the human intestinal microbiota revealed by comparative molecular analysis. *Anaerobe*, 18(3): 310–320. https://doi.org/10.1016/j.anaerobe.2012.01.003.

**Kim, H.B., Wang, Y. & Sun, X.** 2016. A Detrimental Role of Immunosuppressive Drug, Dexamethasone, During Clostridium difficile Infection in Association with a Gastrointestinal Microbial Shift. *Journal of Microbiology and Biotechnology*, 26(3): 567–571. https://doi.org/10.4014/jmb.1512.12017.

**Kim, S., Covington, A. & Pamer, E G.** 2017. The intestinal microbiota: Antibiotics, colonization resistance, and enteric pathogens. *Immunological Reviews*, 279(1): 90–105. https://doi.org/10.1111/imr.12563.

**Kinnebrew, M.A., Ubeda, C., Zenewicz, L.A., Smith, N., Flavell, R.A. & Pamer, E.G.** 2010. Bacterial flagellin stimulates toll-like receptor 5—dependent defense against vancomycin-resistant Enterococcus infection. *The Journal of Infectious Diseases*, 201(4): 534–543. https://doi.org/10.1086/650203.

**Klymiuk, I., Singer, G., Castellani, C., Trajanoski, S., Obermüller, B. & Till, H.** 2021. Characterization of the Luminal and Mucosa-Associated Microbiome along the Gastrointestinal Tract: Results from Surgically Treated Preterm Infants and a Murine Model. *Nutrients*, 13(3): 1030. https://doi.org/10.3390/nu13031030.

**Knight, R., Vrbanac, A., Taylor, B.C., Aksenov, A., Callewaert, C., Debelius, J., Gonzalez, A., et al.** 2018. Best practices for analysing microbiomes. *Nature Reviews Microbiology*, 16(7): 410–422. https://doi.org/10.1038/s41579-018-0029-9.

**Koh, A., De Vadder, F., Kovatcheva-Datchary, P. & Bäckhed, F.** 2016. From Dietary Fiber to Host Physiology: Short-Chain Fatty Acids as Key Bacterial Metabolites. *Cell*, 165(6): 1332–1345. https://doi.org/10.1016/j.cell.2016.05.041.

**Koppel, N., Bisanz, J.E., Pandelia, M-E., Turnbaugh, P.J. & Balskus, E.P.** 2018. Discovery and characterization of a prevalent human gut bacterial enzyme sufficient for the inactivation of a family of plant toxins. *eLife*, 7: e33953. https://doi.org/10.7554/eLife.33953.

**Koppel, N., Maini Rekdal, V. & Balskus, E.P.** 2017. Chemical transformation of xenobiotics by the human gut microbiota. *Science*, 356(6344): eaag2770. https://doi.org10.1126/science.aag2770.

**Kostic, Aleksandar d., Gevers, D., Siljander, H., Vatanen, T., Hyötyläinen, T., Hämäläinen, A-M., Peet, A., et al.** 2015. The Dynamics of the Human Infant Gut Microbiome in Development and in Progression toward Type 1 Diabetes. *Cell Host & Microbe*, 17(2): 260–

273. https://doi.org/10.1016/j.chom.2015.01.001.

**Lambrecht, E., Van Coillie, E., Boon, N., Heyndrickx, M. & Van De Wiele, T.** 2021. Transfer of Antibiotic Resistance Plasmid from Commensal E. coli towards Human Intestinal Microbiota in the M-SHIME: Effect of E. coli dosis, Human Individual and Antibiotic Use. *Life,* 11(3). https://doi.org/10.3390/life11030192.

**Ledoux, M.** 2011. Analytical methods applied to the determination of pesticide residues in foods of animal origin. A review of the past two decades. *Journal of Chromatography A,* 1218(8): 1021–1036. https://doi.org/10.1016/j.chroma.2010.12.097.

**Li, J., Pang, G., Ren, F. & Fang, B.** 2019. Chlorpyrifos-induced reproductive toxicity in rats could be partly relieved under high-fat diet. *Chemosphere,* 229: 94–102. https://doi.org/10.1016/j.chemosphere.2019.05.020.

**Li, L., Wang, Q., Gao, Y., Liu, L., Duan, Y., Mao, D. & Luo, Y.** 2021. Colistin and amoxicillin combinatorial exposure alters the human intestinal microbiota and antibiotic resistome in the simulated human intestinal microbiota. *Science of The Total Environment,* 750: 141415. https://doi.org/10.1016/j.scitotenv.2020.141415.

**Li, R., Wang, H., Shi, Q., Wang, N., Zhang, Z., Xiong, C., Liu, J., et al.** 2017. Effects of oral florfenicol and azithromycin on gut microbiota and adipogenesis in mice. *PLOS ONE,* 12(7): e0181690. https://doi.org/10.1371/journal.pone.0181690.

**Liang, Y., Zhan, J., Liu, D., Luo, M., Han, J., Liu, X., Liu, C., et al.** 2019. Organophosphorus pesticide chlorpyrifos intake promotes obesity and insulin resistance through impacting gut and gut microbiota. *Microbiome,* 7(1): 19. https://doi.org/10.1186/s40168-019-0635-4.

**Liu, A., Fong, A., Becket, E., Yuan, J., Tamae, C., Medrano, L., Maiz, M., et al.** 2011. Selective Advantage of Resistant Strains at Trace Levels of Antibiotics: a Simple and Ultrasensitive Color Test for Detection of Antibiotics and Genotoxic Agents. *Antimicrobial Agents and Chemotherapy,* 55(3): 1204. https://doi.org/10.1128/AAC.01182-10.

**Liu, L., Wang, Q., Wu, X., Qi, H., Das, R., Lin, H., Shi, J., et al.** 2020. Vancomycin exposure caused opportunistic pathogens bloom in intestinal microbiome by simulator of the human intestinal microbial ecosystem (SHIME). *Environmental Pollution,* 265: 114399. https://doi.org/10.1016/j.envpol.2020.114399.

**Livanos, A.E., Greiner, T.U., Vangay, P., Pathmasiri, W., Stewart, D., Mcritchie, S., Li, H., et al.** 2016. Antibiotic-mediated gut microbiome perturbation accelerates development of type 1 diabetes in mice. *Nature Microbiology,* 1(11): 16140. https://doi.org/10.1038/nmicrobiol.2016.140.

**Lloyd-Price, J., Abu-Ali, G. & Huttenhower, C.** 2016. The healthy human microbiome. *Genome Medicine,* 8(1): 51. https://doi.org/10.1186/s13073-016-0307-y.

**Louca, S., Jacques, S.M.S., Pires, A.P.F., Leal, J.S., Srivastava, D.S., Parfrey, L.W., Farjalla, V.F. & Doebeli, M.** 2016. High taxonomic variability despite stable functional structure across microbial communities. *Nature Ecology & Evolution,* 1(1): 0015. https://doi.org/10.1038/s41559-016-0015.

Louca, S., Polz, M.F., Mazel, F., Albright, M.B.N., Huber, J.A., O'Connor, M.I., Ackermann, M., et al. 2018. Function and functional redundancy in microbial systems. *Nature Ecology & Evolution,* 2(6): 936-943. https://doi.org/10.1038/s41559-018-0519-1.

Lozupone, C.A., Stombaugh, J.I., Gordon, J.I., Jansson, J.K. & Knight, R. 2012. Diversity, stability and resilience of the human gut microbiota. *Nature,* 489(7415): 220–230. https://doi.org/10.1038/nature11550.

Magiorakos, A.P., Srinivasan, A., Carey, R.B., Carmeli, Y., Falagas, M.E., Giske, C.G., Harbarth, S., et al. 2012. Multidrug-resistant, extensively drug-resistant and pandrug-resistant bacteria: an international expert proposal for interim standard definitions for acquired resistance. *Clinical Microbiology and Infection,* 18(3): 268–281. https://doi.org/10.1111/j.1469-0691.2011.03570.x.

Magouras, I., Carmo, L.P., Stärk, K.D.C. & Schüpbach-Regula, G. 2017. Antimicrobial Usage and -Resistance in Livestock: Where Should We Focus? *Frontiers in Veterinary Science,* 4(148). https://doi.org/10.3389/fvets.2017.00148.

Magurran, A.E. 2013. *Measuring Biological Diversity.* Wiley-Blackwell.

Mahana, D., Trent, C.M., Kurtz, Z.D., Bokulich, N.A., Battaglia, T., Chung, J., Müller, C.L., et al. 2016. Antibiotic perturbation of the murine gut microbiome enhances the adiposity, insulin resistance, and liver disease associated with high-fat diet. *Genome Medicine,* 8(1): 48. https://doi.org/10.1186/s13073-016-0297-9.

Maier, L., Pruteanu, M., Kuhn, M., Zeller, G., Telzerow, A., Anderson, E.E., Brochado, A.R., et al. 2018. Extensive impact of non-antibiotic drugs on human gut bacteria. *Nature,* 555(7698): 623–628. https://doi.org/10.1038/nature25979.

Margolis, K.G., Cryan, J.F. & Mayer, E.A. 2021. The Microbiota-Gut-Brain Axis: From Motility to Mood. *Gastroenterology,* 160(5): 1486-1501. https://doi.org/10.1053/j.gastro.2020.10.066.

Martinez-Guryn, K., Hubert, N., Frazier, K., Urlass, S., Musch, M.W., Ojeda, P., Pierre, J.F., et al. 2018. Small Intestine Microbiota Regulate Host Digestive and Absorptive Adaptive Responses to Dietary Lipids. *Cell Host & Microbe,* 23(4): 458–469.e5. https://doi.org/10.1016/j.chom.2018.03.011.

Martiny, J.B.H., Jones, S.E., Lennon, J.T. & Martiny, A.C. 2015. Microbiomes in light of traits: A phylogenetic perspective. *Science,* 350(6261): aac9323. https://doi.org/10.1126/science.aac9323.

Maurice, C.F., Haiser, H.J. & Turnbaugh, P.J. 2013. Xenobiotics shape the physiology and gene expression of the active human gut microbiome. *Cell,* 152(1-2): 39–50. https://doi.org/10.1016/j.cell.2012.10.052.

May, S., Evans, S. & Parry, L. 2017. Organoids, organs-on-chips and other systems, and microbiota. *Emerging Topics in Life Sciences,* 1(4): 385–400. https://doi.org/10.1042/etls20170047.

McBurney, M.I., Davis, C., Fraser, C.M., Schneeman, B.O., Huttenhower, C., Verbeke, K., Walter, J. & Latulippe, M.E. 2019. Establishing What Constitutes a Healthy Human Gut

Microbiome: State of the Science, Regulatory Considerations, and Future Directions. *The Journal of Nutrition,* 149(11): 1882–1895. https://doi.org/10.1093/jn/nxz154.

**McCracken, V.J., Simpson, J.M., Mackie, R.I. & Gaskins, H.R.** 2001. Molecular Ecological Analysis of Dietary and Antibiotic-Induced Alterations of the Mouse Intestinal Microbiota. *The Journal of Nutrition,* 131(6): 1862–1870. https://doi.org/10.1093/jn/131.6.1862.

**McEwen, S.A. & Collignon, P.J.** 2018. Antimicrobial Resistance: a One Health Perspective. *Microbiology Spectrum,* 6(2). https://doi.org/10.1128/microbiolspec.ARBA-0009-2017.

**Merten, C., Schoonjans, R., Di Gioia, D., Peláez, C., Sanz, Y., Maurici, D. & Robinson, T.** 2020. Editorial: Exploring the need to include microbiomes into EFSA's scientific assessments. *EFSA Journal,* 18(6): e18061. https://doi.org/10.2903/j.efsa.2020.e18061.

**Mohammadzadeh, R., Mahnert, A., Duller, S. & Moissl-Eichinger, C.** 2022. Archaeal key-residents within the human microbiome: characteristics, interactions and involvement in health and disease. *Current Opinion in Microbiology,* 67: 102146. https://doi.org/10.1016/j.mib.2022.102146.

**Mowat, A.M. & Agace, W.W.** 2014. Regional specialization within the intestinal immune system. *Nature Reviews Immunology,* 14(10): 667–685. https://doi.org/10.1038/nri3738.

**MSD Manual.** 2021. Usual Dosages of Commonly Prescribed Antibiotics. Cited 27 December 2021. https://www.msdmanuals.com/professional/multimedia/table/v56223683.

**Muaz, K., Riaz, M., Akhtar, S., Park, S. & Ismail, A.** 2018. Antibiotic Residues in Chicken Meat: Global Prevalence, Threats, and Decontamination Strategies: A Review. *Journal of Food Protection,* 81(4): 619–627. https://doi.org/10.4315/0362-028X.JFP-17-086.

**Mukhopadhya, I., Segal, J.P., Carding, S.R., Hart, A.L. & Hold, G.L.** 2019. The gut virome: the 'missing link' between gut bacteria and host immunity? *Therapeutic Advances in Gastroenterology,* 12: 1756284819836620. https://doi.org/10.1177/1756284819836620.

**Neish, A.S.** 2009. Microbes in gastrointestinal health and disease. *Gastroenterology,* 136(1): 65–80. https://doi.org/10.1053/j.gastro.2008.10.080.

**Nguyen, T.L., Vieira-Silva, S., Liston, A. & Raes, J.** 2015. How informative is the mouse for human gut microbiota research? *Disease Models & Mechanisms,* 8(1): 1–16. https://doi.org/10.1242/dmm.017400.

**Nissen, L., Casciano, F. & Gianotti, A.** 2020. Intestinal fermentation in vitro models to study food-induced gut microbiota shift: an updated review. *FEMS Microbiology Letters,* 367(12). https://doi.org/10.1093/femsle/fnaa097.

**Nobrega, D.B., Tang, K.L., Caffrey, N.P., De Buck, J., Cork, S.C., Ronksley, P.E., Polachek, A. J., et al.** 2021. Prevalence of antimicrobial resistance genes and its association with restricted antimicrobial use in food-producing animals: a systematic review and meta-analysis. *Journal of Antimicrobial Chemotherapy,* 76(3): 561–575. https://doi.org/10.1093/jac/dkaa443.

**O'Loughlin, J.L., Samuelson, D.R., Braundmeier-Fleming, A.G., White, B.A., Haldorson, G.J., Stone, J.B., Lessmann, J.J., et al.** 2015. The Intestinal Microbiota Influences Campylobacter jejuni Colonization and Extraintestinal Dissemination in Mice. *Applied and*

*Environmental Microbiology*, 81(14): 4642–4650. https://doi.org/10.1128/AEM.00281-15.

**OIE (World Organisation for Animal Health)**. 2020. *OIE Standards, Guidelines and Resolutions on Antimicrobial Resistance and the use of Antimicrobial Agents.* Accesed 22 February 2022. https://www.oie.int/fileadmin/Home/eng/Media_Center/docs/pdf/PortailAMR/book-AMR-ANG-FNL-LR.pdf.

**Payne, A.N., Zihler, A., Chassard, C. & Lacroix, C.** 2012. Advances and perspectives in *in vitro* human gut fermentation modeling. *Trends in Biotechnology*, 30(1): 17–25. https://doi.org/10.1016/j.tibtech.2011.06.011.

**Pearce, S.C., Coia, H.G., Karl, J.P., Pantoja-Feliciano, I.G., Zachos, N.C. & Racicot, K.** 2018. Intestinal *in vitro* and *ex vivo* Models to Study Host-Microbiome Interactions and Acute Stressors. *Frontiers in Physiology*, 9(1584). https://doi.org/10.3389/fphys.2018.01584.

**Penders, J., Stobberingh, E., Savelkoul, P. & Wolffs, P.** 2013. The human microbiome as a reservoir of antimicrobial resistance. *Frontiers in Microbiology*, 4(87). https://doi.org/10.3389/fmicb.2013.00087.

**Perez-Fernandez, C., Morales-Navas, M., Guardia-Escote, L., Garrido-Cardenas, J.A., Colomina, M.T., Gimenez, E. & Sanchez-Santed, F.** 2020. Long-term effects of low doses of Chlorpyrifos exposure at the preweaning developmental stage: A locomotor, pharmacological, brain gene expression and gut microbiome analysis. *Food and Chemical Toxicology*, 135: 110865. https://doi.org/10.1016/j.fct.2019.110865.

**Perrin-Guyomard, A., Cottin, S., Corpet, D. E., Boisseau, J. & Poul, J-M.** 2001. Evaluation of Residual and Therapeutic Doses of Tetracycline in the Human-Flora-Associated (HFA) Mice Model. *Regulatory Toxicology and Pharmacology*, 34(2): 125–136. https://doi.org/10.1006/rtph.2001.1495.

**Perrin-Guyomard, A., Poul, J-M., Corpet, D.E., Sanders, P., Fernández, A.H. & Bartholomew, M.** 2005. Impact of residual and therapeutic doses of ciprofloxacin in the human-flora-associated mice model. *Regulatory Toxicology and Pharmacology*, 42(2): 151–160. https://doi.org/10.1016/j.yrtph.2005.03.001.

**Perrin-Guyomard, A., Poul, J-M., Laurentie, M., Sanders, P., Fernández, A.H. & Bartholomew, M.** 2006. Impact of ciprofloxacin in the human-flora-associated (HFA) rat model: Comparison with the HFA mouse model. *Regulatory Toxicology and Pharmacology*, 45(1): 66–78. https://doi.org/10.1016/j.yrtph.2006.02.002.

**Petersen, C. & Round, J.L.** 2014. Defining dysbiosis and its influence on host immunity and disease. *Cellular Microbiology*, 16(7): 1024–1033. https://doi.org/10.1111/cmi.12308.

**Pilmis, B., Le Monnier, A. & Zahar, J-R.** 2020. Gut Microbiota, Antibiotic Therapy and Antimicrobial Resistance: A Narrative Review. *Microorganisms*, 8(2). https://doi.org/10.3390/microorganisms8020269.

**Piña, B., Raldúa, D., Barata, C., Portugal, J., Navarro-Martín, L., Martínez, R., Fuertes, I. & Casado, M.** 2018. Chapter Twenty - Functional Data Analysis: Omics for Environmental Risk Assessment. In Jaumot, J., Bedia, C. & Tauler, R., eds. *Comprehensive Analytical Chemistry,* pp. 583–611. https://doi.org/10.1016/bs.coac.2018.07.007.

**Piñeiro, S.A. & Cerniglia, C.E.** 2020. Antimicrobial drug residues in animal-derived foods: Potential impact on the human intestinal microbiome. *Journal of Veterinary Pharmacology and Therapeutics,* 44(2): 215-222. https://doi.org/10.1111/jvp.12892.

**Portincasa, P., Bonfrate, L., Vacca, M., De Angelis, M., Farella, I., Lanza, E., Khalil, M., et al.** 2022. Gut Microbiota and Short Chain Fatty Acids: Implications in Glucose Homeostasis. *International Journal of Molecular Sciences,* 23(3): 1105. https://doi.org/10.3390/ijms23031105.

**Priya, S. & Blekhman, R.** 2019. Population dynamics of the human gut microbiome: change is the only constant. *Genome Biology,* 20(1): 150. https://doi.org/10.1186/s13059-019-1775-3.

**Pusceddu, M.M., Stokes, P.J., Wong, A., Gareau, M.G. & Genetos, D.C.** 2019. Sexually Dimorphic Influence of Neonatal Antibiotics on Bone. *Journal of Orthopaedic Research,* 37(10): 2122–2129. https://doi.org/10.1002/jor.24396.

**Qin, J., Li, R., Raes, J., Arumugam, M., Burgdorf, K.S., Manichanh, C., Nielsen, T., et al.** 2010. A human gut microbial gene catalogue established by metagenomic sequencing. *Nature,* 464(7285): 59–65. https://doi.org/10.1038/nature08821.

**Queen, J., Zhang, J. & Sears, C.L.** 2020. Oral antibiotic use and chronic disease: long-term health impact beyond antimicrobial resistance and Clostridioides difficile. *Gut Microbes,* 11(4): 1092–1103. https://doi.org/10.1080/19490976.2019.1706425.

**Rautava, S.** 2021. Chapter 6 - Early-life antibiotic exposure, the gut microbiome, and disease in later life. In Koren, O. & Rautava, S., eds. *The Human Microbiome in Early Life,* pp. 135–153. Academic Press. https://doi.org/10.1016/B978-0-12-818097-6.00006-7.

**Ray, P., Chakraborty, S., Ghosh, A. & Aich, P.** 2021. Effects of treatment with three antibiotics, vancomycin, neomycin, and AVNM on gut microbiome in C57BL/6 mice. *bioRxiv*: 2021.02.08.430372. https://doi.org/10.1101/2021.02.08.430372.

**Reeves, A.E., Theriot, C.M., Bergin, I.L., Huffnagle, G.B., Schloss, P.D. & Young, V.B.** 2011. The interplay between microbiome dynamics and pathogen dynamics in a murine model of Clostridium difficile Infection. *Gut Microbes,* 2(3): 145–158. https://doi.org/10.4161/gmic.2.3.16333.

**Reikvam, D.H., Erofeev, A., Sandvik, A., Grcic, V., Jahnsen, F.L., Gaustad, P., Mccoy, K.D., et al.** 2011. Depletion of Murine Intestinal Microbiota: Effects on Gut Mucosa and Epithelial Gene Expression. *PLOS ONE,* 6(3): e17996. https://doi.org/10.1371/journal.pone.0017996.

**Requile, M., Gonzalez Alvarez, D.O., Delanaud, S., Rhazi, L., Bach, V., Depeint, F. & Khorsi-Cauet, H.** 2018. Use of a combination of in vitro models to investigate the impact of chlorpyrifos and inulin on the intestinal microbiota and the permeability of the intestinal mucosa. *Environmental Science and Pollution Research,* 25(23): 22529–22540. https://doi.org/10.1007/s11356-018-2332-4.

**Reygner, J., Condette, C.J., Bruneau, A., Delanaud, S., Rhazi, L., Depeint, F., Abdennebi-Najar, L., et al.** 2016a. Changes in composition and function of human intestinal microbiota exposed to chlorpyrifos in oil as assessed by the SHIME® model. *International Journal of Environmental Research and Public Health*, 13(11). https://doi.org/10.3390/ijerph13111088.

Reygner, J., Lichtenberger, L., Elmhiri, G., Dou, S., Bahi-Jaber, N., Rhazi, L., Depeint, F., et al. 2016b. Inulin Supplementation Lowered the Metabolic Defects of Prolonged Exposure to Chlorpyrifos from Gestation to Young Adult Stage in Offspring Rats. *PLoS One*, 11(10): e0164614. https://doi.org/10.1371/journal.pone.0164614.

Richard, M.L. & Sokol, H. 2019. The gut mycobiota: insights into analysis, environmental interactions and role in gastrointestinal diseases. *Nature Reviews Gastroenterology & Hepatology*, 16(6): 331–345. https://doi.org/10.1038/s41575-019-0121-2.

Roemhild, R., Linkevicius, M. & Andersson, D.I. 2020. Molecular mechanisms of collateral sensitivity to the antibiotic nitrofurantoin. *PLOS Biology*, 18(1): e3000612. https://doi.org/10.1371/journal.pbio.3000612.

Rothschild, D., Weissbrod, O., Barkan, E., Kurilshikov, A., Korem, T., Zeevi, D., Costea, P.I., et al. 2018. Environment dominates over host genetics in shaping human gut microbiota. *Nature*, 555(7695): 210–215. https://doi.org/10.1038/nature25973.

Roupar, D., Berni, P., Martins, J.T., Caetano, A.C., Teixeira, J.A. & Nobre, C. 2021. Bioengineering approaches to simulate human colon microbiome ecosystem. *Trends in Food Science & Technology*, 112: 808–822. https://doi.org/10.1016/j.tifs.2021.04.035.

Rowan-Nash, A.D., Korry, B.J., Mylonakis, E. & Belenky, P. 2019. Cross-Domain and Viral Interactions in the Microbiome. *Microbiology and Molecular Biology Reviews*, 83(1): e00044–18. https://doi.org/10.1128/MMBR.00044-18.

Rune, I., Hansen, C.H.F., Ellekilde, M., Nielsen, D.S., Skovgaard, K., Rolin, B.C., Lykkesfeldt, J., et al. 2013. Ampicillin-Improved Glucose Tolerance in Diet-Induced Obese C57BL/6NTac Mice Is Age Dependent. *Journal of Diabetes Research*, 2013: 319321. https://doi.org/10.1155/2013/319321.

Russell, S.L., Gold, M.J., Hartmann, M., Willing, B.P., Thorson, L., Wlodarska, M., Gill, N., et al. 2012. Early life antibiotic-driven changes in microbiota enhance susceptibility to allergic asthma. *EMBO reports*, 13(5): 440–447. https://doi.org/10.1038/embor.2012.32.

Ryan, M.J., Schloter, M., Berg, G., Kostic, T., Kinkel, L.L., Eversole, K., Macklin, J.A., et al. 2021. Development of Microbiome Biobanks &#x2013; Challenges and Opportunities. *Trends in Microbiology*, 29(2): 89–92. https://doi.org/10.1016/j.tim.2020.06.009.

Salminen, S., Gibson, G.R., Mccartney, A.L. & Isolauri, E. 2004. Influence of mode of delivery on gut microbiota composition in seven year old children. *Gut*, 53(9): 1388–1389. https://doi.org/10.1136/gut.2004.041640.

Sanders, David j., Inniss, S., Sebepos-Rogers, G., Rahman, Farooq z. & Smith, Andrew m. 2021. The role of the microbiome in gastrointestinal inflammation. *Bioscience Reports*, 41(6). https://doi.org/10.1042/bsr20203850.

Santus, W., Devlin, J.R. & Behnsen, J. 2021. Crossing Kingdoms: How the Mycobiota and Fungal-Bacterial Interactions Impact Host Health and Disease. *Infection and Immunity*, 89(4):

e00648–20. https://doi.org/10.1128/IAI.00648-20.

**Scheithauer, T.P.M., Dallinga-Thie, G.M., De Vos, W.M., Nieuwdorp, M. & Van Raalte, D.H.** 2016. Causality of small and large intestinal microbiota in weight regulation and insulin resistance. *Molecular Metabolism,* 5(9): 759–770. https://doi.org/10.1016/j.molmet.2016.06.002.

**Schéle, E., Grahnemo, L., Anesten, F., Hallén, A., Bäckhed, F. & Jansson, J-O.** 2013. The Gut Microbiota Reduces Leptin Sensitivity and the Expression of the Obesity-Suppressing Neuropeptides Proglucagon (Gcg) and Brain-Derived Neurotrophic Factor (Bdnf) in the Central Nervous System. *Endocrinology,* 154(10): 3643–3651. https://doi.org/10.1210/en.2012-2151.

**Scott, K.A., Qureshi, M.H., Cox, P.B., Marshall, C.M., Bellaire, B.C., Wilcox, M., Stuart, B.A.R. & Njardarson, J.T.** 2020. A Structural Analysis of the FDA Green Book-Approved Veterinary Drugs and Roles in Human Medicine. *Journal of Medicinal Chemistry,* 63(24): 15449–15482. https://doi.org/10.1021/acs.jmedchem.0c01502.

**Shakya, M., Lo, C.-C. & Chain, P.S.G.** 2019. Advances and Challenges in Metatranscriptomic Analysis. *Frontiers in Genetics,* 10. https://doi.org/10.3389/fgene.2019.00904.

**Shanahan, F., Ghosh, T.S. & O'Toole, P.W.** 2021. The Healthy Microbiome—What Is the Definition of a Healthy Gut Microbiome? *Gastroenterology,* 160(2): 483–494. https://doi.org/10.1053/j.gastro.2020.09.057.

**Shetty, S.A., Hugenholtz, F., Lahti, L., Smidt, H. & De Vos, W.M.** 2017. Intestinal microbiome landscaping: insight in community assemblage and implications for microbial modulation strategies. *FEMS Microbiology Reviews,* 41(2): 182–199. https://doi.org/10.1093/femsre/fuw045.

**Shin, N-R., Whon, T.W. & Bae, J-W.** 2015. Proteobacteria: microbial signature of dysbiosis in gut microbiota. *Trends in Biotechnology,* 33(9): 496–503. https://doi.org/10.1016/j.tibtech.2015.06.011.

**Singer-Englar, T., Barlow, G. & Mathur, R.** 2019. Obesity, diabetes, and the gut microbiome: an updated review. *Expert Rev Gastroenterol Hepatol,* 13(1): 3–15. https://doi.org/10.1080/17474124.2019.1543023.

**Sinha, R., Abu-Ali, G., Vogtmann, E., Fodor, A.A., Ren, B., Amir, A., Schwager, E., et al.** 2017. Assessment of variation in microbial community amplicon sequencing by the Microbiome Quality Control (MBQC) project consortium. *Nature Biotechnology,* 35(11): 1077–1086. https://doi.org/10.1038/nbt.3981.

**Sjögren, K., Engdahl, C., Henning, P., Lerner, U.H., Tremaroli, V., Lagerquist, M.K., Bäckhed, F. & Ohlsson, C.** 2012. The gut microbiota regulates bone mass in mice. *Journal of Bone and Mineral Research,* 27(6): 1357–1367. https://doi.org/10.1002/jbmr.1588.

**Smillie, C.S., Smith, M.B., Friedman, J., Cordero, O.X., David, L.A. & Alm, E.J.** 2011. Ecology drives a global network of gene exchange connecting the human microbiome. *Nature,* 480(7376): 241–244. https://doi.org/10.1038/nature10571.

**Spanogiannopoulos, P., Bess, E.N., Carmody, R.N. & Turnbaugh, P.J.** 2016. The microbial pharmacists within us: a metagenomic view of xenobiotic metabolism. *Nature Reviews Microbiology,* 14(5): 273–287. https://doi.org/10.1038/nrmicro.2016.17.

**Stecher, B.** 2021. Establishing causality in Salmonella-microbiota-host interaction: The use of gnotobiotic mouse models and synthetic microbial communities. *International Journal of Medical Microbiology,* 311(3): 151484. https://doi.org/10.1016/j.ijmm.2021.151484.

**Subirats, J., Domingues, A. & Topp, E.** 2019. Does dietary consumption of antibiotics by humans promote antibiotic resistance in the gut microbiome? *Journal of Food Protection,* 82(10): 1636–1642. https://doi.org/10.4315/0362-028X.JFP-19-158.

**Sun, S., Zhu, X., Huang, X., Murff, H.J., Ness, R.M., Seidner, D.L., Sorgen, A.A., et al.** 2021. On the robustness of inference of association with the gut microbiota in stool, rectal swab and mucosal tissue samples. *Scientific Reports,* 11(1): 14828. https://doi.org/10.1038/s41598-021-94205-5.

**Sutton, T.D.S. & Hill, C.** 2019. Gut Bacteriophage: Current Understanding and Challenges. *Frontiers in Endocrinology,* 10(784). https://doi.org/10.3389/fendo.2019.00784.

**The Human Microbiome Project Consortium.** 2012. A framework for human microbiome research. *Nature,* 486(7402): 215–221. https://doi.org/10.1038/nature11209.

**Turnbaugh, P.J., Ley, R.E., Hamady, M., Fraser-Liggett, C.M., Knight, R. & Gordon, J.I.** 2007. The Human Microbiome Project. *Nature,* 449(7164): 804–810. https://doi.org/10.1038/nature06244.

**Turner, P. V.** 2018. The role of the gut microbiota on animal model reproducibility. *Animal models and experimental medicine,* 1(2): 109–115. https://doi.org/10.1002/ame2.12022.

**USDA (United States Department of Agriculture.** 2019. *Residue Sampling Results: Fiscal Year 2019 Red Book.* Cited 22 February 2022. https://www.fsis.usda.gov/node/1986.

**Van De Wiele, T., Van Den Abbeele, P., Ossieur, W., Possemiers, S. & Marzorati, M.** 2015. The Simulator of the Human Intestinal Microbial Ecosystem (SHIME®). In: K. Verhoeckx, P. Cotter, I. López-Expósito, C. Kleiveland, T. Lea, A. Mackie, T. Requena, D. Swiatecka & H. Wichers, eds. *The Impact of Food Bioactives on Health: in vitro and ex vivo models,* pp. 305–317. Cham, Springer International Publishing. https://doi.org/10.1007/978-3-319-16104-4_27.

**Vega, N.M. & Gore, J.** 2014. Collective antibiotic resistance: mechanisms and implications. *Current Opinion in Microbiology,* 21: 28–34. https://doi.org/10.1016/j.mib.2014.09.003.

**VICH.** 2019. *VICH GL36 Studies to evaluate the safety of residues of veterinary drugs in human food: General approach to establish a microbiological ADI - Revision 2.* https://www.ema.europa.eu/documents/scientific-guideline/vich-gl36r2-studies-evaluate-safety-residues-veterinary-drugs-human-food-general-approach-establish_en.pdf.

**Wagner, R.D., Johnson, S.J. & Cerniglia, C.E.** 2008. In vitro model of colonization resistance by the enteric microbiota: effects of antimicrobial agents used in food-producing animals. *Antimicrob Agents Chemother,* 52(4): 1230–7. https://doi.org/10.1128/AAC.00852-07.

71

**Wales, A.D. & Davies, R.H.** 2015. Co-Selection of Resistance to Antibiotics, Biocides and Heavy Metals, and Its Relevance to Foodborne Pathogens. *Antibiotics,* 4(4). https://doi.org/10.3390/antibiotics4040567.

**Walker, A.** 2012. Welcome to the plasmidome. *Nature Reviews Microbiology,* 10(6): 379-379. https://doi.org/10.1038/nrmicro2804.

**Wampach, L., Heintz-Buschart, A., Hogan, A., Muller, E.E.L., Narayanasamy, S., Laczny, C.C., Hugerth, L.W., et al.** 2017. Colonization and Succession within the Human Gut Microbiome by Archaea, Bacteria, and Microeukaryotes during the First Year of Life. *Frontiers in Microbiology,* 8(738). https://doi.org/10.3389/fmicb.2017.00738.

**Wang, Q., Garrity, G.M., Tiedje, J.M. & Cole, J.R.** 2007. Naïve Bayesian Classifier for Rapid Assignment of rRNA Sequences into the New Bacterial Taxonomy. *Applied and Environmental Microbiology,* 73(16): 5261. https://doi.org/10.1128/AEM.00062-07.

**Weersma, R.K., Zhernakova, A. & Fu, J.** 2020. Interaction between drugs and the gut microbiome. *Gut,* 69(8): 1510. https://doi.org/10.1136/gutjnl-2019-320204.

**Wei, S., Bahl, M.I., Baunwall, S.M.D., Hvas, C.L. & Licht, T.R.** 2021. Determining Gut Microbial Dysbiosis: a Review of Applied Indexes for Assessment of Intestinal Microbiota Imbalances. *Applied and Environmental Microbiology,* 87(11): e00395–21. https://doi.org/10.1128/AEM.00395-21.

**WHO (World Health Organization).** 2015. *Global action plan on antimicrobial resistance.* Cited 22 February 2022. https://www.who.int/iris/bitstream/10665/193736/1/9789241509763_eng.pdf?ua=1.

**WHO AND FAO.** 2018. *Evaluation of certain veterinary drug residues in food: eighty-fifth report of the Joint FAO/WHO Expert Committee on Food Additives.* Geneva, WHO. https://apps.who.int/iris/handle/10665/259895.

**Wilson, I.D. & Nicholson, J.K.** 2017. Gut microbiome interactions with drug metabolism, efficacy, and toxicity. *Translational Research,* 179: 204–222. https://doi.org/10.1016/j.trsl.2016.08.002.

**Wos-Oxley, M., Bleich, A., Oxley, A.P., Kahl, S., Janus, L.M., Smoczek, A., Nahrstedt, H., et al.** 2012. Comparative evaluation of establishing a human gut microbial community within rodent models. *Gut Microbes,* 3(3): 234–49. https://doi.org/10.4161/gmic.19934.

**Wu, T., Yang, L., Jiang, J., Ni, Y., Zhu, J., Zheng, X., Wang, Q., Lu, X. & Fu, Z.** 2018. Chronic glucocorticoid treatment induced circadian clock disorder leads to lipid metabolism and gut microbiota alterations in rats. *Life Sciences,* 192: 173–182. https://doi.org/10.1016/j.lfs.2017.11.049.

**Xu, Z., Malmer, D., Langille, M.G.I., Way, S.F. & Knight, R.** 2014. Which is more important for classifying microbial communities: who's there or what they can do? *The ISME Journal,* 8(12): 2357–2359. https://doi.org/10.1038/ismej.2014.157.

**Yang, B., Wang, Y. & Qian, P-Y.** 2016. Sensitivity and correlation of hypervariable regions in 16S rRNA genes in phylogenetic analysis. *BMC Bioinformatics,* 17(1): 135. https://doi.

org/10.1186/s12859-016-0992-y.

**Yang, M., Hong, G., Jin, Y., Li, Y., Li, G. & Hou, X.** 2020. Mucosal-Associated Microbiota Other Than Luminal Microbiota Has a Close Relationship With Diarrhea-Predominant Irritable Bowel Syndrome. *Frontiers in Cellular and Infection Microbiology,* 10(606). https://doi.org/10.3389/fcimb.2020.515614.

**Young, V.B. & Schmidt, T.M.** 2008. Overview of the Gastrointestinal Microbiota. In: G.B. Huffnagle, and M.C. Noverr, eds. *GI Microbiota and Regulation of the Immune System,* pp. 29–40. New York, NY, Springer New York. https://doi.org/10.1007/978-0-387-09550-9_3.

**Yun, S., Guo, Y., Yang, L., Zhang, X., Shen, W., Wang, Z., Wen, S., et al.** 2020. Effects of oral florfenicol on intestinal structure, function and microbiota in mice. *Archives of Microbiology,* 202(1): 161–169. https://doi.org/10.1007/s00203-019-01731-y.

**Zengler, K., Hofmockel, K., Baliga, N.S., Behie, S.W., Bernstein, H.C., Brown, J.B., Dinneny, J.R., et al.** 2019. EcoFABs: advancing microbiome science through standardized fabricated ecosystems. *Nature Methods,* 16(7): 567-571. https://doi.org/10.1038/s41592-019-0465-0.

**Zhang, C., Li, X., Liu, L., Gao, L., Ou, S., Luo, J. & Peng, X.** 2018. Roxithromycin regulates intestinal microbiota and alters colonic epithelial gene expression. *Applied Microbiology and Biotechnology,* 102(21): 9303–9316. https://doi.org/10.1007/s00253-018-9257-1.

**Zhao, Y., Zhang, Y., Wang, G., Han, R. & Xie, X.** 2016. Effects of chlorpyrifos on the gut microbiome and urine metabolome in mouse (Mus musculus). *Chemosphere,* 153: 287–93. https://doi.org/10.1016/j.chemosphere.2016.03.055.

**Zheng, D., Liwinski, T. & Elinav, E.** 2020. Interaction between microbiota and immunity in health and disease. *Cell Research,* 30(6): 492-506. https://doi.org/10.1038/s41422-020-0332-7.

**Zimmermann, M., Patil, K.R., Typas, A. & Maier, L.** 2021. Towards a mechanistic understanding of reciprocal drug–microbiome interactions. *Molecular Systems Biology,* 17(3): e10116. https://doi.org/10.15252/msb.202010116.

**Zimmermann, M., Zimmermann-Kogadeeva, M., Wegmann, R. & Goodman, A.L.** 2019. Mapping human microbiome drug metabolism by gut bacteria and their genes. *Nature,* 570(7762): 462–467. https://doi.org/10.1038/s41586-019-1291-3.

**Zimmermann, P. & Curtis, N.** 2019. The effect of antibiotics on the composition of the intestinal microbiota - a systematic review. *Journal of Infection,* 79(6): 471–489. https://doi.org/10.1016/j.jinf.2019.10.008.

# 附录 1

# 微生物群成分因暴露于治疗剂量的抗生素而改变

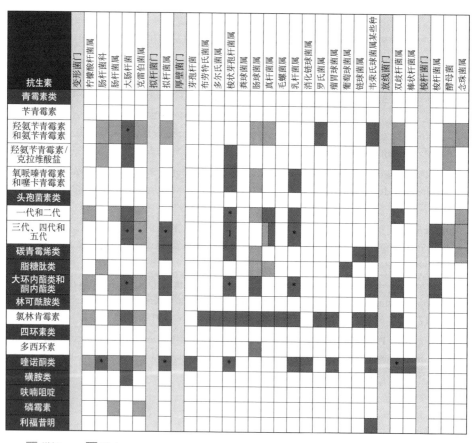

■ 增加　　■ 减少

*有例外情况。

注：第五代例外。

资料来源：改编自 Zimmermann P. 和 Curtis N.，2019。抗生素对肠道菌群组成的影响——综述。感染杂志，79 (6)：471–489。https://doi.org/10.1016/j.jinf.2019.10.008

# 附录2

# 肠道微生物对抗生素的耐药性增加

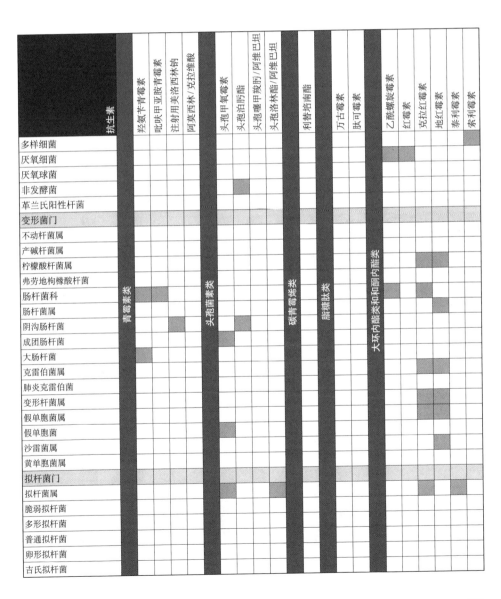

（续）

| 抗生素 | 羟氨苄青霉素 | 吡呋甲亚胺青霉素 | 注射用美洛西林钠 | 阿莫西林/克拉维酸 | 头孢甲氧霉素 | 头孢泊肟酯 | 头孢噻甲羧肟/阿维巴坦 | 头孢洛林酯/阿维巴坦 | 利替培南酯 | 万古霉素 | 肽可霉素 | 乙酰螺旋霉素 | 红霉素 | 克拉红霉素 | 地红霉素 | 柰利霉素 | 柰利霉素 |
|---|---|---|---|---|---|---|---|---|---|---|---|---|---|---|---|---|
| | 青霉素类 | | | | 头孢菌素类 | | | | 碳青霉烯类 | 脂糖肽类 | | 大环内酯类和酮内酯类 | | | | | |
| 厚壁菌门 | | | | | | | | | | | | | | | | | |
| 梭菌属 | | | | | | | | | | | | | | | | | |
| 艰难梭菌 | | | | | | | | | | | | | | | | | |
| 肠球菌属 | | | | | | | | | | | | | | | | | |
| 粪链球菌 | | | | | | | | | | | | | | | | | |
| 屎链球菌 | | | | | | | | | | | | | | | | | |
| 乳杆菌属 | | | | | | | | | | | | | | | | | |
| 乳酸片球菌 | | | | | | | | | | | | | | | | | |
| 凝固酶阴性葡萄球菌 | | | | | | | | | | | | | | | | | |
| D群链球菌 | | | | | | | | | | | | | | | | | |
| 放线菌门 | | | | | | | | | | | | | | | | | |
| 双歧杆菌属 | | | | | | | | | | | | | | | | | |
| 棒状杆菌属 | | | | | | | | | | | | | | | | | |
| 酵母菌 | | | | | | | | | | | | | | | | | |
| 念珠菌属 | | | | | | | | | | | | | | | | | |

| 抗生素 | 克林霉素 | 多西环素 | 替加环素 | 奎奴普丁/达福普丁 | 利奈唑胺 | 诺氟沙星 | 环丙沙星 | 左氧氟沙星 | 吉米沙星 | 克林沙星 | 加雷沙星 | 西他沙星 | 曲伐沙星 | 磺胺异二甲嘧啶 | 磺胺甲氧吡嗪 | 甲氧苄啶 | 甲氧苄啶/磺胺甲噁唑 |
|---|---|---|---|---|---|---|---|---|---|---|---|---|---|---|---|---|---|
| | 林可酰胺类 | 四环素类 | 甘氨酰环素类 | 链阳性菌素类 | 恶唑烷酮类 | 喹诺酮类 | | | | | | | | 甲氧苄啶和磺胺类 | | | |
| 多样细菌 | | | | | | | | | | | | | | | | | |
| 厌氧细菌 | | | | | | | | | | | | | | | | | |
| 厌氧球菌 | | | | | | | | | | | | | | | | | |
| 非发酵菌 | | | | | | | | | | | | | | | | | |
| 革兰氏阳性杆菌 | | | | | | | | | | | | | | | | | |
| 变形菌门 | | | | | | | | | | | | | | | | | |
| 不动杆菌属 | | | | | | | | | | | | | | | | | |
| 产碱杆菌属 | | | | | | | | | | | | | | | | | |
| 柠檬酸杆菌属 | | | | | | | | | | | | | | | | | |
| 弗劳地枸橼酸杆菌 | | | | | | | | | | | | | | | | | |
| 肠杆菌科 | 1 | | | | | | | | | | | | | | | | |
| 肠杆菌属 | | | | | | | | | | | | | | | | | |
| 阴沟肠杆菌 | | | | | | | | | | | | | | | | | |
| 成团肠杆菌 | | | | | | | | | | | | | | | | | |
| 大肠杆菌 | | | | | | | | | | | | | | | | | |
| 克雷伯菌属 | | | | | | | | | | | | | | | | | |
| 肺炎克雷伯菌 | | | | | | | | | | | | | | | | | |

（续）

| 抗生素 | 克林霉素 | 多西环素 | 替加环素 | 奎奴普丁/达福普丁 | 利奈唑胺 | 诺氟沙星 | 环丙沙星 | 左氧氟沙星 | 吉米沙星 | 克林沙星 | 加雷沙星 | 西他沙星 | 曲伐沙星 | 磺胺异㗁甲嘧啶 | 磺胺甲㗁吡嗪 | 甲氧苄啶 | 甲氧苄啶/磺胺甲㗁唑 |
|---|---|---|---|---|---|---|---|---|---|---|---|---|---|---|---|---|---|
| （分类） | 林可酰胺类 | 四环素类 | 甘氨酰环素类 | 链阳性菌素类 | 恶唑烷酮类 | 喹诺酮类 | | | | | | | | 甲氧苄啶和磺胺类 | | | |
| 变形杆菌属 | | | | | | | | | | | | | | | | | |
| 假单胞菌属 | | | | | | | | | | | | | | | | ▨ | |
| 假单胞菌 | | | | | | | | | | | | | | | | | |
| 沙雷菌属 | | | | | | | | | | | | | | | | | |
| 黄单胞菌属 | | | | | | | ▨ | | | | | | | | | | |
| 拟杆菌门 | | | | | | | | | | | | | | | | | |
| 拟杆菌属 | ▨ | | | | | | | ▨ | | | | | | | | | |
| 脆弱拟杆菌 | | | | | | | | | | | | | | | | | |
| 多形拟杆菌 | | | | | | | | | | | | | | | | | |
| 普通拟杆菌 | | | | | | | ▨ | | | | | | | | | | |
| 卵形拟杆菌 | | | | | | | ▨ | | | | | | | | | | |
| 吉氏拟杆菌 | | | | | | | | | | | | | | | | | |
| 厚壁菌门 | | | | | | | | | | | | | | | | | |
| 梭菌属 | | | | | | | | | | | | | | | | | |
| 艰难梭菌 | | | | | | | | | | | | | | | | | |
| 肠球菌属 | | | | | ▨ | | | | ▨ | | | | | | | | |
| 粪链球菌 | | | | | | | | | | | | | | | | | |
| 屎链球菌 | | | | | | | | | | | | | | | | ▨ | |
| 乳杆菌属 | | | ▨ | | | | | | | | | | | | | | |
| 乳酸片球菌 | | | | | | | | | | | | | | | | | |
| 凝固酶阴性葡萄球菌 | | | | | | | | | | | | | | | | | |
| D群链球菌 | | | | | | | | | | | | | | | | | |
| 放线菌门 | | | | | | | | | | | | | | | | | |
| 双歧杆菌属 | | | ▨ | | | | | | | | | | | | | | |
| 棒状杆菌属 | | | | | | | | | | | | | | | | | |
| 酵母菌 | | | | | | | | | | | | | | ▨ | ▨ | ▨ | ▨ |
| 念珠菌属 | | | | | | | | | | | | | | ▨ | ▨ | ▨ | ▨ |

注：1大肠杆菌以外的肠杆菌科细菌。

一些研究测试了以下抗生素，没有发现耐药性：青霉素、巴氨苄西林、头孢克洛、头孢呋辛酯、氯碳头孢、头孢克肟、头孢曲松、头孢泊肟酯、头孢替布腾、头孢匹罗、头孢洛林、头孢比洛尔、美罗培南、替拉万星、达巴万星、克拉霉素、罗红霉素、阿奇霉素、萘啶酸、诺氟沙星、氧氟沙星、依诺沙星、左氧氟沙星、环丙沙星、左氧氟沙星、加替沙星、吉米沙星、培氟沙星、替硝唑、多黏菌素E、磷霉素。

资料来源：改编自Zimmermann P.和Curtis P.，2019。抗生素对肠道菌群组成的影响——综述。感染杂志，79（6）：471–489. https://doi.org/10.1016/j.jinf.2019.10.008

# 附录3

# 药物对肠道微生物组和宿主影响的体内研究

| 动物 | 疗法 | 微生物组-反应 | 宿主-反应 | 参考文献 |
|---|---|---|---|---|
| 旨在评估兽药残留的研究 | | | | |
| 人源化菌群（HFA）小鼠 混合人体粪便微生物组 | 随意饮用含1、10和100毫克/升四环素[0.125、1.25、12.5毫克/（千克·天）]的水，持续6和8周 | ↑2个最高剂量：革兰氏阳性厌氧菌、脆弱拟杆菌、肠杆菌和肠球菌 高剂量：沙门菌定殖（*Salmonella typhimurium*） 代谢指标（酶和短链脂肪酸）无改变 | 未评估 | Perrin-Guyomard等，2001 |
| 人源化菌群（HFA）雌性小鼠 混合人体粪便微生物组 | 随意饮用含1、10和100毫克/升环丙沙星[0.125、1.25、12.5毫克/（千克·天）]的水，持续5周 | ↑脆弱拟杆菌 ↓需氧菌，肠杆菌科 所有剂量：鼠伤寒沙门菌定殖 代谢指标（酶和短链脂肪酸）无改变 | 未评估 | Perrin-Guyomard, 2005 |
| 无菌Sprague-Dawley大鼠（GF SD rats）混合人体粪便微生物组 | 0.25、2.5和25毫克/（千克·天）环丙沙星，持续5周 | ↑脆弱拟杆菌 ↓所有剂量：需氧菌群 最高剂量：减少的肠杆菌科，减少的双歧杆菌 最高剂量：鼠伤寒沙门菌定殖 改变在治疗停止后恢复 | 未评估 | Perrin-Guyomard, 2006 |

（续）

| 动物 | 疗法 | 微生物组-反应 | 宿主-反应 | 参考文献 |
|---|---|---|---|---|
| **旨在评估早期暴露的研究** | | | | |
| NOD/ShiLtJ 小鼠 | 1毫克/（千克·天）青霉素V（持续剂量）50毫克/（千克·天）酒石酸泰洛新（间歇剂量） | 青霉素：无变化 泰乐菌素：雄性中几乎完全不存在回肠和盲肠拟杆菌门、放线菌门和双歧杆菌 | 雄性：1型糖尿病的风险增加 | Livanos 等，2016 |
| C57BL/6J小鼠 | 1毫克/（千克·天）青霉素、万古霉素、青霉素加万古霉素、或金霉素 | ↑厚壁菌门、毛螺菌科 ↑盲肠短链脂肪酸（醋酸、丙酸和丁酸） | ↑脂肪酸类和脂类代谢途径的肥胖发生改变 | Cho 等，2012 |
| C57BL/6J小鼠 | 1毫克/（千克·天）青霉素，持续30天 | ↑乳杆菌属、关节念珠菌、理研菌科和异杆菌属 治疗后微生物组恢复 | 代谢效应和身体成分（治疗后保留） | Cox 等，2014 |
| C57BL/6 小鼠 | 6.8毫克/升青霉素G，治疗32周 | MB成分改变↑分节丝状菌和异杆菌属 | ↑肥胖与胰岛素抵抗 晚年代谢紊乱的风险增加 | Mahana 等，2016 |
| C57BL/6J小鼠 | 从妊娠到7周龄每天1或15毫克/千克多西环素 | 剂量依赖性↓丰富度、假丝酵母菌属、瘤胃球菌属、螺杆菌属和厌氧菌属 | 早期服用多西环素会增加肥胖的风险 | Hou 等，2019 |
| C57BL/6 小鼠 | 1克/升氨苄西林或红霉素，治疗5周 | 微生物多样性减少 | 无免疫学改变 红霉素改变糖代谢 氨苄西林改善糖耐量 | Bech-Nielsen 等，2012 |
| C57BL/6NTac 小鼠 | 1克/升氨苄西林（间歇剂量），高脂肪饮食，从出生至17周 | 微生物组受到干扰 | 葡萄糖耐量改善 | Rune 等，2013 |
| 非肥胖糖尿病（NOD）小鼠 | 0.2毫克/毫升万古霉素或广谱抗生素（饮水中加入5毫克/毫升链霉素、1毫克/毫升黏菌素和1毫克/毫升氨苄西林），从受孕到成年（40周） | 肠道微生物组的深刻改变万古霉素：↓梭菌目、毛螺菌科、普雷沃菌科和理肯菌科 ↑大肠杆菌属、苏氏菌属、乳杆菌属 | 1型糖尿病发病率增加 | Candon 等，2015 |

（续）

| 动物 | 疗法 | 微生物组-反应 | 宿主-反应 | 参考文献 |
|---|---|---|---|---|
| C57BL/6J小鼠 | 万古霉素（0.5毫克/毫升）、新霉素（1毫克/毫升）和氨苄西林（1毫克/毫升）联合治疗，持续16天 | ↓丰富度和多样性<br>性别依赖性微生物组改变：<br>雄性：↑厚壁菌门；<br>↓拟杆菌、放线菌消失<br>雌性：↑变形菌门、软壁菌门、类芽孢杆菌科、芽孢杆菌科<br>↓拟杆菌属和乳杆菌属 | 无炎症时结肠通透性增加。<br>性别依赖型骨改变：<br>雄性：结构特征减少<br>雌性：改变的矿物分布＞与高骨折风险相关 | Pusceddu等，2019 |
| **评估艰难梭菌定殖抗性的成人研究** | | | | |
| C57BL/6小鼠 | 复方制剂（0.4毫克/毫升卡那霉素、0.035毫克/毫升庆大霉素、850U/毫升黏菌素＋0.215毫克/毫升甲硝唑＋0.045毫克/毫升万古霉素）治疗3天<br>头孢哌酮0.5毫克/毫升，连用10天<br>饮水 | 个体对感染的敏感性病情较轻的动物：厚壁菌门占优势<br>重症动物：变形菌门丧失对艰难梭菌的定殖抗性<br>在病情较轻的动物中，微生物组恢复，并恢复至正常，但在病情较重的动物中，微生物组仍与基线不同 | 严重结肠炎的风险增加（艰难梭菌感染） | Reeves等，2011 |
| C57BL/c小鼠 | 复方制剂（卡那霉素、庆大霉素、黏菌素、甲硝唑、万古霉素和克林霉素）加或不加地塞米松（100毫克/升）饮水 | ↓多样性、乳酸菌<br>↑狄氏副拟杆菌<br>微生物组恢复至基线水平，地塞米松组恢复速度较慢<br>抗生素和地塞米松组：激发后严重艰难梭菌感染 | 重症风险增加<br>艰难梭菌感染和结肠炎（抗生素＋地塞米松组） | Kim、Wang和Sun，2016 |
| **评估空肠弯曲菌定殖抗性的成人研究** | | | | |
| CBA/J小鼠 | 氨苄西林0.2毫克灌胃，治疗2天 | ↓厚壁菌门<br>↑拟杆菌门与对空肠弯曲菌定殖抗性的破坏相关<br>粪肠球菌有潜在的抑制作用<br>空肠弯曲菌感染 | 易感性增加空肠弯曲菌感染 | O'Loughlin等，2015 |

（续）

| 动物 | 疗法 | 微生物组-反应 | 宿主-反应 | 参考文献 |
|---|---|---|---|---|
| **其他关于成年动物的研究** | | | | |
| C57B6小鼠 | 含万古霉素、氨苄西林、新霉素和甲硝唑的复方制剂（治疗剂量未指定）两组：2周治疗+9周清除治疗11周（无清除率） | ↓细菌的数量 真菌数量增加40倍 细菌种群细菌和真菌种群以不同的速度恢复到基线 | 未评估 | Dollive等，2013 |
| C57BL/6小鼠 | 5毫克/（千克·天）氟苯尼考或阿奇霉素，治疗4周 | ↓多样性、丰富度 ↑厚壁菌门和拟杆菌门 性别的影响 两种治疗方法：↓另枝菌属、脱硫弧菌属、副萨特氏菌属、理研菌属 氟苯尼考：↑疣微菌门，↓去铁杆菌、克里斯滕森菌、戈尔多尼巴氏菌、厌氧菌 阿奇霉素：↓拟杆菌门、变形菌门、乳酸杆菌 减少短链脂肪酸和次级胆汁酸的产生 | 基于微生物发现：肥胖风险增加 | Li等，2017 |
| KM小鼠 | 100毫克/千克氟苯尼考（预防剂量），治疗7天 | 改变的微生物组（空肠）↓厚壁菌门、乳杆菌属和异杆菌属 ↑拟杆菌属、阿利菌属、异普雷沃菌属 | 肠上皮损伤使肠屏障功能和肠道免疫功能受损 | Yun等，2020 |
| C57BL/6NHsd小鼠 | 25毫克/升头孢西丁，治疗14天 不同的饮食组（标准和低纤维） | 多样性和丰富度不变 头孢西丁改变了两种饮食下小鼠的微生物组组成 饮食对菌群组成的影响更大，在低纤维饮食的小鼠中更明显 | 未评估 | McCracken等，2001 |

（续）

| 动物 | 疗法 | 微生物组-反应 | 宿主-反应 | 参考文献 |
|------|------|------------|----------|---------|
| Sprague-Dawley 大鼠（SD rats） | 罗红霉素（30毫克/千克），治疗14天 | ↓革兰氏阳性，双歧杆菌和梭菌胃肠道位置依赖性效应：<br>盲肠：<br>↓链球菌、普雷沃菌属、多样性<br>↑革兰氏阴性，拟杆菌科和肠杆菌科<br>小肠：<br>↑革兰氏阴性，革兰氏阳性，肠球菌属 | 下调的外源细胞色素P450代谢功能减少罗红霉素代谢<br>改变的免疫反应增加纤维化风险 | Zhang等，2018 |
| **糖皮质激素及生产助剂** | | | | |
| 维斯达大鼠（Wistar rats） | 地塞米松0.01和0.05毫克/（千克·天）灌胃，饲养7周 | ↓多样性、厚壁菌门、拟杆菌门、α-变形菌门、γ-变形菌门、放线菌门、梭菌目、乳杆菌 | ↓黏液分泌<br>↑表达抗微生物基因<br>体重增长减慢、饲料减少摄入、脂肪堆积增加、昼夜节律、糖脂代谢和能量代谢改变 | Wu等，2018 |
| 加州白足鼠（California mice） | 雌鼠：膳食中炔雌醇0.1微克/千克（妊娠和哺乳期） | 改变取决于世代和性别 | 未评估 | Javurek等，2016 |

资料来源：作者阐述。

# 附录 4

# 杀虫剂对肠道微生物组和宿主影响的体内研究

| 研究报告的剂量 | 模型 | 样本容量 ($n$) | 周期 | 对肠道微生物组的影响 | 健康反应 | 参考文献 |
|---|---|---|---|---|---|---|
| 1毫克/天 | SHIME® | | 30天 | ↑拟杆菌属和肠球菌<br>↓双歧杆菌属和乳酸菌 | | |
| 1毫克/(千克·天)，经口灌胃 | Hannover Wistar大鼠（雌性和幼鼠） | 每组10只, $n$=10 | 幼鼠<br>＞雌鼠暴露：妊娠第0天至出生后第21天<br>＞灌胃：出生后第21天至第60天 | 轻微↑肠球菌属<br>↓乳杆菌属和双歧杆菌属 | 诱导肠道生态失调 | Joly等，2013 |
| 1.5毫克/(千克·天)通过子宫和母乳灌胃暴露 | Hannover Wistar大鼠妊娠雌鼠；雄性幼鼠 | 雌性每剂量和对照组, $n$=6<br>PND21仔鼠：对照组和CPF1组, $n$=10；CPF5, $n$=8<br>幼崽PND60：对照组和CPF1的 $n$=10；CPF5的 $n$=9 | 从妊娠到断奶（PND21）到成年（PND600） | 肠道微生物菌群失调——在培养物中发现的变化多取决于物种、小鼠、位置（回肠、盲肠、结肠）、CPF剂量<br>分析方法：<br>↑PND21：需氧和厌氧菌（回肠）、梭菌属、葡萄球菌属（回肠、盲肠、结肠）<br>↓双歧杆菌（回肠PND21、结肠PND60）、乳杆菌（所有年龄、所有肠段）<br>↑细菌、梭菌（结肠PND60）<br>↓拟杆菌属/普氏菌属（回肠PND60） | 幼鼠：↓肠道发育紊乱，涉及营养吸收的结构发生形态学改变，黏膜屏障（黏蛋白-2）发生改变，固有免疫系统受到刺激，细菌移位增加 | Joly Condette等，2015 |

（续）

| 研究报告的剂量 | 模型 | 样本容量 ($n$) | 周期 | 对肠道微生物组的影响 | 健康反应 | 参考文献 |
|---|---|---|---|---|---|---|
| 0.3毫克/（千克·天）灌胃（正常或高脂饮食） | 雄性Wistar大鼠（断奶的幼鼠和成年鼠） | 每组6只，$n=6$ | 幼鼠：25周 成年鼠：20周 | 成年鼠正常脂肪饮食：<br>↑链球菌属、瘤胃梭菌属、科里杆菌科<br>↓罗姆布茨菌、苏黎世杆菌属、梭菌<br><br>成年鼠高脂饮食：<br>↑埃希氏菌-志贺菌属<br>耗竭菌群：瘤胃球菌科、颤菌属、类芽孢杆菌属和消化球菌属<br><br>幼鼠高脂饮食：<br>↑粪杆菌属、副沙门菌、丹毒毛杆菌科、红蝽菌科，消化球菌属，短杆菌属<br>↓克里斯滕森菌科、瘤胃球菌科、产粪甾醇真杆菌群、瘤胃菌科、脱硫菌科、毛螺旋菌科、厌氧菌科、科里杆菌科 | 内分泌功能和炎症（可能干扰中枢神经系统）的改变，可能与不育和结肠炎相关 | Li 等，2019 |
| 5毫克/（千克·天）灌胃（高脂或正常脂肪饮食） | C57Bl/6小鼠和CD-1（ICR）小鼠（雄性） | 每组8只，$n=8$ | 12周 | 无脂饮食：<br>变形菌门、拟杆菌门 | > 炎症相关疾病、肥胖和糖尿病的风险<br>> 遗传背景和饮食模式对CPF结果的影响有限 | Liang 等，2019 |

（续）

| 研究报告的剂量 | 模型 | 样本容量（n） | 周期 | 对肠道微生物组的影响 | 健康反应 | 参考文献 |
|---|---|---|---|---|---|---|
| 0.3 或 3 毫克/（千克·天）灌胃联合正常饮食（NFD）和高脂饮食（HFD） | Wistar大鼠（雄性） | 每组6只，n=6 | 9周 | NFD：受影响的12个细菌属<br>低剂量：<br>↑异杆菌属、假丝酵母菌属、粪球菌属、无气原体、罗氏菌属、萨特氏菌<br>↓假黄酮拟杆菌、厌氧菌属、呼吸球菌属、短波单胞菌属、毛球菌属<br><br>高剂量：<br>↓假黄酮拟杆菌、厌氧菌属、气球菌属、短波单胞菌属、毛球菌属、拟杆菌属<br><br>HFD：13个细菌属受到影响<br>两种剂量：<br>↑萨特氏菌、分节丝状菌<br>↓欧陆森氏菌、梭状芽孢杆菌属、双芽孢杆菌、肠杆菌属、拟普雷沃菌属<br><br>低剂量：<br>↑不动杆菌属、经黏液真杆菌属、颤杆菌克属<br>↓瘤胃球菌属、氢厌氧小杆属<br><br>高剂量：<br>↑假单胞菌 | 根据暴露于毒死蜱后微生物组多样性的变化确定潜在的健康结局<br>＞肥胖和糖尿病风险增加<br>＞与神经毒性相关的细菌、T细胞功能障碍和胰腺损伤增加<br>低剂量NFD：代谢变化最大，表现为促肥胖表型 | Fang等，2018 |

（续）

| 研究报告的剂量 | 模型 | 样本容量（$n$） | 周期 | 对肠道微生物组的影响 | 健康反应 | 参考文献 |
|---|---|---|---|---|---|---|
| 1或3.5毫克/（千克·天）灌胃，含/不含自由获得的菊粉（10克/升饮用水） | Wistar大鼠（雌鼠和雄性幼鼠） | 每个治疗组5或6只，$n=5$或6，对照组5只 | 从妊娠到PND21幼鼠通过母鼠接受CPF而暴露于CPF 雄性幼鼠在PND21至PND60的饮食中给予CPF | CPF ↓厚壁菌门，球形梭菌群 CPF3.5+菊粉 ↑球孢子菌群 | > 糖尿病风险 > 从幼鼠到成年鼠：代谢受损导致胰岛素和脂质失调 > CPF或菊粉对母体体重增长、食物或水摄入均有影响，且无胆碱能毒性 CPF > 体重（食物和水摄入量无差异） | Reygner等，2016b |
| 1毫克/（千克·天）融入玉米油 | *Mus musculus* KM小鼠（雄性） | 每组5只，$n=5$ | 30天 | ↑拟杆菌、拟杆菌科 ↓厚壁菌门、乳杆菌科 | 代谢改变：肠道炎症和肠道通透性异常 | Zhao等，2016 |
| 3.5毫克/天CPF | SHIME® Caco-2/TC7细胞培养 | 每个样本3只，$n=3$ | 15天和30天 | ↓乳酸杆菌属和双歧杆菌属 | 黏膜屏障活性改变和潜在炎症 | Requile等，2018 |
| 3.5毫克/天CPF+10克/天菊粉 | | | | | > 由兽药触发的促炎信号被益生元完全抑制 | |

（续）

| 研究报告的剂量 | 模型 | 样本容量 (*n*) | 周期 | 对肠道微生物组的影响 | 健康反应 | 参考文献 |
|---|---|---|---|---|---|---|
| 1毫克/天溶于菜籽油中 | SHIME® | | 15天和30天 | 成分<br>CPF油剂暴露：<br>↓第15天双歧杆菌数量；↑第30天大肠杆菌计数平板培养技术；<br>↑第15天和第30天类芽孢杆菌B属、梭菌属和肠杆菌数量；<br>↓第30天双歧杆菌计数<br><br>多样性<br>前15天，细菌总数改变；第30天对双歧杆菌数量产生影响<br><br>代谢物<br>发酵活性改变 | — | Reygner 等，2016a |
| 1毫克/（千克·天） | ApoE4-TR,apoE3-TR and C57BL/6 小鼠-幼鼠（雄性） | 每组6只动物，*n*=6 | 6天 (PND10至PND15) | > 变化取决于宿主的基因和环境背景<br>> 不同分类水平的基因型之间的差异，其中apoE4在微生物中所占比例不同<br>> 差异菌属主要有螺杆菌属、埃希菌属、肠杆菌属和沙雷菌属等<br><br>ApoE4-TR：<br>> 最易感的肠道微生物组成<br>> 疣微菌门的变化：(+相比其他菌群)种嗜黏蛋白阿克曼菌<br>↑海洋红嗜热菌<br><br>C57BL/6：<br>↓链球菌 | 遗传和环境因素对大脑中SCFA成分的影响可能与认知功能有关；ApoE3的SCFA含量高于其他种类（乙酸、丁酸和丙酸）；ApoE4无变化 | Guardia-Escote 等，2020 |

| 研究报告的剂量 | 模型 | 样本容量 ($n$) | 周期 | 对肠道微生物组的影响 | 健康反应 | 参考文献 |
|---|---|---|---|---|---|---|
| 1毫克/(千克·天)玉米油稀释灌胃 | Wistar大鼠-幼鼠（雄性和雌性） | 每组5只动物，$n=5$ | 6天 (PND10至PND15) | 属和种水平的生态失调 ↑厌氧菌属、疏螺旋体属、短波单胞菌属、丁酸弧菌属、摩根菌和金黄色外海球菌 ↓念珠菌、硝化菌属、副球菌属、根瘤菌属和伏氏菌属 | 性别双态效应 暴露后几个月： ↑应激的运动反应（雌性），抗毒覃碱和α-氨基丁酸能刺激的超敏动物（主要是雌性），M2受体和α-氨基丁酸能的转录上调 GABA-A-α2亚基基因分别存在于背侧纹状体和额叶皮质中 | Perez-Fernandez, 等, 2020 |

注：CPF：氯吡硫磷（毒死蜱）；PND：产后1天；HFD：高脂饮食；SCFA：短链脂肪酸。
资料来源：作者阐述。

## 图书在版编目（CIP）数据

兽药残留对肠道微生物组和人体健康的影响 ：食品安全视角 / 联合国粮食及农业组织编著 ；葛林等译. 北京 ：中国农业出版社，2025. 6. —— (FAO中文出版计划项目丛书). —— ISBN 978-7-109-33415-1

Ⅰ . S859.84；Q939；R151.2

中国国家版本馆CIP数据核字第2025DN6394号

著作权合同登记号：图字01-2024-6567号

**兽药残留对肠道微生物组和人体健康的影响**

SHOUYAO CANLIU DUI CHANGDAO WEISHENGWUZU HE RENTI JIANKANG DE YINGXIANG

**中国农业出版社出版**

地址：北京市朝阳区麦子店街18号楼

邮编：100125

责任编辑：郑　君

版式设计：王　晨　　责任校对：吴丽婷

印刷：北京通州皇家印刷厂

版次：2025年6月第1版

印次：2025年6月北京第1次印刷

发行：新华书店北京发行所

开本：700mm×1000mm　1/16

印张：6.5

字数：125千字

定价：78.00元